四时风月绘

国风水墨 CG 插画绘画技法

Ime——编著

人民邮电出版社

北 京

图书在版编目（ＣＩＰ）数据

四时风月绘 ： 国风水墨CG插画绘画技法 / Ime编著
. -- 北京 ： 人民邮电出版社，2019.12
ISBN 978-7-115-51897-2

Ⅰ．①四… Ⅱ．①I… Ⅲ．①三维动画软件 Ⅳ．
①TP391.414

中国版本图书馆CIP数据核字(2019)第188256号

内 容 提 要

本书以四季风景和国风人物为主题，用诗句启发创作，介绍了水墨CG插画的绘制技法。

本书共六章，结构清晰，逻辑分明，干货十足。第一章为 Photoshop 绘画入门，穿插分享了大量国风水墨插画的绘画技巧； 第二章到第五章以春、夏、秋、冬四个季节为主题，详细讲解了 8 张插画的绘制过程，各个插画作品的讲解均由"元素讲解"和"演示过程"组成，先讲述角色定位、配色方案、道具设置和常见景物的绘制方法，再演示整个绘画过程；第六章为线条技巧的练习和创作思路的分享，启发读者独立思考，绘制出属于自己的画作。

本书适合 CG 绘画初学者、国风爱好者阅读和学习。

◆ 编　著　Ime
　　责任编辑　易　舟
　　责任印制　陈　犇

◆ 人民邮电出版社出版发行　　北京市丰台区成寿寺路 11 号
　　邮编　100164　电子邮件　315@ptpress.com.cn
　　网址　http://www.ptpress.com.cn
　　北京东方宝隆印刷有限公司印刷

◆ 开本：787×1092　1/16
　　印张：9　　　　　　　　　　2019 年 12 月第 1 版
　　字数：230 千字　　　　　　2019 年 12 月北京第 1 次印刷

定价：69.80 元

读者服务热线：(010)81055296　印装质量热线：(010)81055316
反盗版热线：(010)81055315
广告经营许可证：京东工商广登字 20170147 号

前言

画画在我眼里是一件幸福又痛苦的事。幸福来自于画画能够让人的很多表达都非常自由，不受约束；而痛苦就在于，画画并不是非常容易的一条路。

这本书，并不能算是完美，但是我认为它已经满足了我创作它的初衷。我希望一本教程书本质上仍然是工具书。我希望可以不需要追求非常复杂绚丽的案例，尽可能用简单的表达方式让需要的人能够得到想要的帮助。

我非常感谢我的编辑能够一直支持我，为我提出了很多好的建议，对书进行了很多好的修改。正是因为大家共同的努力，这本书才可以完成。

感谢支持这本书的你，希望书中的内容可以真正地帮到你。也希望不管这条路多么苦和累，最终这些汗水都能给选择画画的你带来幸福！

目录

第一章

混沌初开

要了解CG绘画，首先要学习的就是软件基础啦。正所谓"工欲善其事，必先利其器"，对软件功能了解得越多，我们使用的时候也会越得心应手。现在主流的插画软件有Photoshop（以下简称PS）、SAI、CSP、Painter等。本书的例图是使用PS绘制的，所以本章着重介绍PS的功能。

右图是PS CC 2018的界面全貌，电脑是Macbook Pro。苹果电脑
使用的是OS系统（以下简称Mac），与大家常用的Windows系统
（以下简称Win）显示的位置稍有不同，但是功能都是一样的。PS
并不是一个专门用于绘画的软件，而是一个专业的图像处理软件。
在本书中，我们讲解的侧重点在于电脑绘图时用到的功能，所以介
绍的工具使用方法与一些设计类的PS教程有所不同。如果大家有兴
趣学习其他功能可以去相关领域进行了解。另外，大家还会看到我
安装了一些第三方的插件，我会简单为大家解释一下这些插件的用
途，但是由于版权原因无法给大家分享这些插件。大家如若需要可
以关注我的微博，我会和大家分享一些插件和其使用方法。那么就
让我们开始学习吧！

菜单栏

右图红色边框中的内容是PS的菜单栏，菜单栏下面有各种
不同的下拉菜单。接下来详细介绍每个下拉菜单中常用的一
些功能。

◈ 文件 ◈

● 新建

在"文件"下拉菜单中我们可以看到第一项命令叫作"新建"。开启软件时并没有创建项目，犹如你有工作台却没有画布，
所以需要点击"新建"创建画布，在画布上进行绘画。点击"新建"时会弹出新建窗口的具体选项，在这里可以自行设置画
布的尺寸和保存参数。如右下图三所示，我们先任意点击一个预设好的尺寸，然后在红框内对当前设定进行修改，修改到自
己想要的数据后，点击箭头所指的图标，即可保存成为自己设置好的预设，以便下一次打开的时候在"已保存"下拉菜单找
到。确定好这些之后，点击"创建"，即可创建新画布。

"新建"命令快捷键
Ctrl+N（Win）
Command+N（Mac）

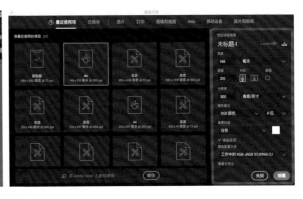

● 打开

"文件"下拉菜单下第二项命令为"打开"。顾名思义，"新建"是说创建新的文件，而"打开"则是通过软件打开一个已经保存好的文件，或者是曾经使用过的文件。若要快速找到最近使用过的文件，可以将鼠标移动到"最近打开文件"选项上面，就可以看到过往使用的文件了。

"打开"命令快捷键
Ctrl+O（Win）
Command+O（Mac）

● 存储/存储为

这两个命令都是用来存储在画布上创作的作品的，在使用"存储"和"存储为"功能时，第一次保存文件时都会弹出保存的选项，其中包括存储的位置、名称及格式。它们的区别在于"存储"会直接覆盖原来存储好的文件，"存储为"命令会再次弹出可选位置、名称及格式的窗口。也就是说"存储"会直接按照上一次我们保存的位置、名称、格式来保存，但有时候我们可能希望存储为其他格式，或者想要保存到其他位置，这时候大家就可以用"存储为"来保存。

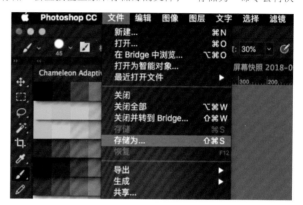

"存储"命令快捷键	"存储为"命令快捷键
Ctrl+S（Win）	Ctrl+Shift+S（Win）
Command+S（Mac）	Command+Shift+S（Mac）

◈ 编辑 ◈

在"编辑"下拉菜单中，我圈出了一些我们经常用到的功能，从图中可以看出，在没有创建画布的情况下，很多功能都是灰色的。这表示，"编辑"下拉菜单下的功能需要有图像了才能使用，这是因为在发出指令的时候需要有一个接受指令的对象存在，否则无法实现功能的使用。

在这里我为大家整理了最常用的几个编辑类快捷键。

"后退一步"（即"撤销"）命令快捷键	"剪切"命令快捷键	"拷贝"命令快捷键
Ctrl+Z（Win）	Ctrl+X（Win）	Ctrl+C（Win）
Command+Z（Mac）	Command+X（Mac）	Command+C（Mac）

"粘贴"命令快捷键	"自由变换"命令快捷键	"键盘快捷键设置"命令快捷键
Ctrl+V（Win）	Ctrl+T（Win）	Ctrl+Shift+Alt+K（Win）
Command+V（Mac）	Command+T（Mac）	Command+K（Mac）

备注：值得注意的是在PS当中"撤销"命令是撤销一步的指令，也就是说只能撤销一步。当你再次点击"撤销"，电脑收到的指令是，撤销刚刚的"后退一步"这个操作。所以当大家连续使用两次"撤销一步"这个指令的话反而会退回到没有撤销的状态。所以如果大家习惯使用连续撤销功能的话，则需要在"键盘快捷键"功能下去设置。

◈ 图像 ◈

● 模式

在"图像"下拉菜单的"模式"这个选项里我框选了三个选项，分别是"灰度""RGB颜色"和"CMYK颜色"。"RGB颜色"模式是电脑显色模式，新建画布时默认为此模式。在需要一张黑白图，或者是需要提取线稿时可选择"灰度"模式，关于怎样提取线稿，后续我们在绘画技巧中会进行讲解。

"CMYK颜色"模式是为打印而服务的。打印机墨盒的颜色成像计算方式和RGB有所不同，使用这个模式绘制出来的图像会整体颜色偏灰一些。所以，如果需要画一些饱和度非常高的图稿，就不要使用这个模式。如果绘制的图稿是用于印刷品，事先选择这个模式会比较好控制。

● 调整

"调整"是针对图像进行编辑的功能，所以要打开图像或者新建画布才能操作。在画画时我们主要能够用到的是我框选的几个内容，这些功能都是调色的，但有一些区别。一般来说，绘画常用到的调整功能是"色相/饱和度"和"色彩平衡"。我建议大家在完全完成自己的作品之后再进行调整，因为中途调整不能确保绘画后期画面颜色是最理想的情况。

我们先来看"色相/饱和度"功能。打开这个功能后弹出的窗口如下面左图所示。其中"色相""饱和度""明度"这些数值都可以直接滑动滑块来进行改动。

关于这个功能还有一个小技巧，就是图中框选的"着色"功能。"着色"可以理解成涂上颜色的意思，当我们勾选这个选项，再滑动滑块的时候，不论需要调整的图像之前是多少种颜色组成的，都会被统一成你在色相当中选择的颜色基调。但在古风画法中，通常只有铺底色时才会使用这项功能，因为添加古风的纹理之后再着色，明度就会变得非常低，并不好看。但是局部仍然可以使用这个功能。

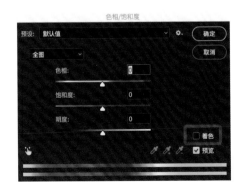

"色相 / 饱和度"命令快捷键
Ctrl+U（Win）
Command+U（Mac）

色相，通俗来理解就是一个物体是什么颜色。
饱和度，是指色彩的鲜艳程度，也会被称为纯度。
明度，简单的理解是颜色的亮度。

接下来我们看一下"色彩平衡"这个功能，个人觉得在调整画面时这个功能更多的是在提升不同颜色的占比倾向。当我们将滑块挪动时可以看到画面颜色会向滑块两边所标识的颜色偏移。

"色彩平衡"命令快捷键
Ctrl+B（Win）
Command+B（Mac）

这个功能要搭配下方的"阴影""中间调""高光"来使用。简单来说，我们偏移颜色的时候是可以按照想要的范围区域去调整的。这样就可以有更丰富的变化。

◈ 图层 ◈

● 新建

就像"文件"当中的"新建"功能一样，这个功能是为了创建一个新的东西。只不过在这里针对的是图层。当我们创建了一个新的画布，前面已经讲过默认是一个背景，这个背景本身也是一个图层。我们在绘画的时候，出于各种考虑会创建很多图层。这是因为很多操作是可以只针对单独的一个图层的。这样我们就可以依靠不同的图层来完成特定区域的修改、特效等等。

"新建图层"命令快捷键
Ctrl+Shift+N（Win）
Command+Shift+N（Mac）

● 组

"组"这个功能对管理不同的图层非常方便。先将有用的图层从上至下连续选中，按住"Shift"不松手，用鼠标点击想要的第一个和最后一个图层为连选，对于有断开的情况，则按住"Ctrl"不松手，用鼠标点击想要的各个图层，之后按快捷键就可以了。

"创建组"命令快捷键
Ctrl+G（Win）
Command+G（Mac）

"组"的显示为文件包图标，既可收起也可打开，打开后就可以看到组下面的全部图层。注意：当我们使用一些针对图层的功能，在组状态下就失效了。比如我们要用画笔对图像进行绘制，图层相当于纸，而组相当于包装袋，我们一定要打开包装袋以后在纸上面进行绘制。另外，无论是图层，还是组，都可以通过双击名字的位置或者右键重命名。

◈ 图层样式 ◈

● 混合选项

"混合选项"其实就包含了列表下面如"斜面和浮雕""描边"等等的内容。点击"混合选项"或者双击某一个图层，都会弹出"混合选项"的窗口。

● 特效处理

一定要注意，"混合选项"是针对图层内容的特效处理，图层上必须有内容，那我们由上到下介绍两个绘画中常用的特效样式。

绿色圆点　　　　　渐变叠加之后

1. 渐变叠加

现在我在空白图层上画了一个绿色的圆点，双击打开"混合选项"，找到"渐变叠加"用鼠标单击可以看到具体的设置。在这里我做了一个半透明的黄橙渐变的叠加，可以看到绿色已经变成了绿色与黄橙混合的效果了。

2. 图案叠加

我去掉"渐变叠加"的勾选，换成"图案叠加"。这里可以看到材质已经叠加上去了。在PS当中提供了一些内置的材质，我们也可以通过导入自己的素材来使用。

这两个功能还可以同时勾选,这时候颜色和材质会同时作用于我们画好的图形上。

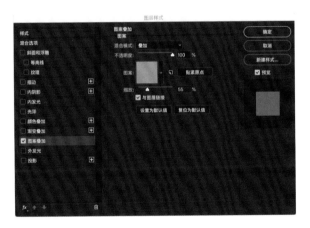

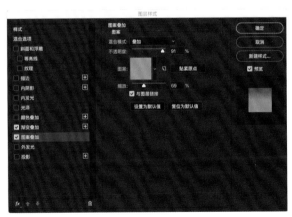

◈ 选择 ◈

"选择"功能就是来决定我们选择范围的功能，这里有两个实用小技巧需要注意。

1. 快速提取图层内容为选区

当我们想针对某范围做一些修改或应用到其他图层时，需要将其调取为选区。调取选区的方法是，按住Ctrl不松手，用鼠标左键点击图层内容会出现蚂蚁虚线，这代表已经选中了选区。如图我标注了红色和蓝色区域，红色区域代表图层内容的缩略，蓝色区域是名称。提取选区鼠标要点击红色区域，修改名字或选择某个图层则点击蓝色区域。

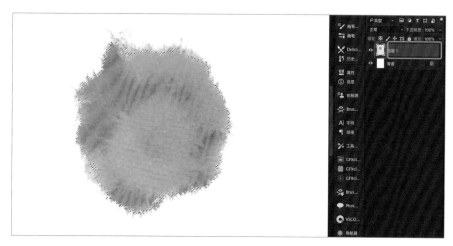

2.扩大选区

绘制线稿之后很多人喜欢直接用魔棒工具点击线稿内部来快速选择区域，但在PS当中像素点非常精确会导致出现一条白色边缘。在SAI软件中有扩大选区1像素的功能。其实PS当中也是有这个功能的。如右图，找到菜单栏中的"选择"，下拉菜单，找到"修改"，点击"扩展"。弹出"扩展选区"窗口，可以按照自己的需求自行输入数值。

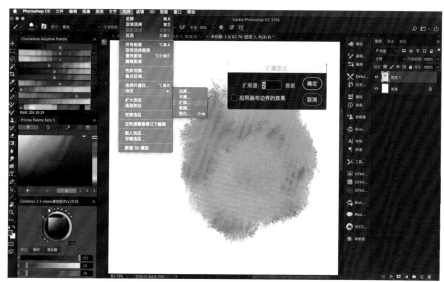

◈ 滤镜 ◈

"滤镜"有很多种使用方法，在我们这个画法里面主要用到的是"查找边缘"功能，这个功能可以帮助我们仿制出水痕效果。

1.在空白图层上面用任意有材质的笔刷绘制一个色块，复制当前图层。

2.有材质的笔刷一般都是半透明的状态，因此复制后我们会看到颜色加深了。

3.选择上面的一个图层，在"滤镜"菜单下找到"风格化"下拉菜单下的"查找边缘"。点击"查找边缘"后会看到一个有边缘以及噪点的效果。

4.然后将这个图层设置为"正片叠底"。

5.再将下方图层的透明度降低，让图形的颜色回归接近单层的状态，这时候我们看到淡淡的水痕已经出现了。

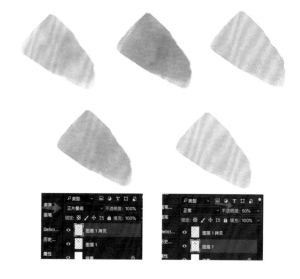

◈ 窗口 ◈

"窗口"的意思就是我们可以打开的窗口，常用工具其实已经都在主界面上。需要注意的是"扩展功能"，这个功能也就是我们常说的插件。我们购买的一些第三方提供的工具，按照相应的指示安装好插件后会显示在"扩展功能"里。

工具栏

初始打开PS的时候我们会看到左侧有一列工具图标，右侧是一部分工具打开后的窗口面板。这些窗口及功能其实很多是我们在菜单栏下见过的。把这些功能缩略成图标放置在面板上可以方便我们快速地找到它。下面将介绍一些比较常用的工具。

1. 移动工具

"移动工具"是用来移动内容的,移动时需选中相对应的图层。

2. 矩形选区工具

"矩形选区工具"用来选择一个矩形区域，按住"Shift"则会变为正方形选区。

3. 套索工具

"套索工具"在画画的时候非常实用，可以像画笔一样随意绘制轨迹，轨迹封闭以后会变成想要的选区。要注意轨迹一定要封闭才可以形成选区。在套索工具模式下，按住"Alt"不松手会变成点选的模式。

4. 裁剪工具

"裁剪工具"可以通过直接拖拽格子来调整裁剪的区域，也可以通过输入想要的等比框来进行裁剪。

5. 吸管工具

"吸管工具"是用来对图层上的颜色进行取色的。它默认对所有图层取色，有时候由于应用了大量的图层模式特效，而我们要在某一个图层上进行取色，这时关闭其他图层太麻烦，可以切换为"当前图层"，再进行取色。

"移动工具" 快捷键	"套索工具" 快捷键	"裁剪工具" 快捷键	"吸管工具" 快捷键
V	L	C	I

❖ 画笔 ❖

接下来着重介绍一下我们在画图时和调整时常用的工具。由于这几个功能很实用，我将这一部分整理成了问答的形式，方便大家准确地找到自己想要了解的内容。

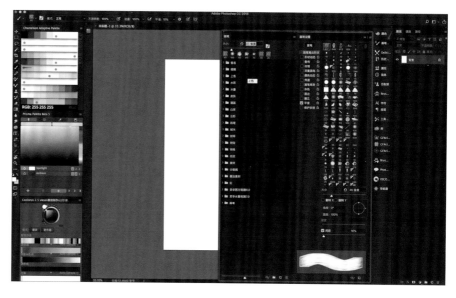

问题1："画笔"窗口如何打开？

按"F5"打开"画笔"及"画笔设置"的窗口面板。

问题2："画笔面板"是什么样子？

右侧箭头指向的图标就是"画笔工具"的图标，右边的"画笔"以及"画笔设置"的窗口现在呈打开状态。

问题3："画笔面板"和"画笔设置面板"的区别？

"画笔面板"和"画笔设置面板"是不一样的，"画笔面板"用来查看并选择我们想要使用的画笔，"画笔设置面板"则是用来调整已经选中的某一支画笔的各项数值的。

问题4："画笔"怎么整理和点选？

左下图中有很多文件夹。这是我在使用的一些"画笔"。

"画笔"可以用文件夹的方式整理显示到面板里的功能是在PS CC 2018这一版本之后才有的，也就是说，如果大家使用的是旧版本，那么并没有这个功能。这些文件夹在PS里叫作"组"，现在我打开任意一个"组"，就可以看到这个文件夹内的画笔了。

问题5："画笔"如何导入？

点开"画笔面板"之后，点击右上角四道横杠的按钮，会看到一个下拉菜单，这里有"导入画笔"和"预设管理器"两种形式可以导入。

预设管理器：点击"预设管理器"之后出现的窗口右侧可以看到"载入"。点击"载入"以后，可以看到选取文件的窗口。找到下载好的笔刷就可以进行导入了。

导入：点"导入"会直接跳转到选取文件的窗口。这两种方式的区别是使用"预设管理器"可以对其他的工具进行调整。

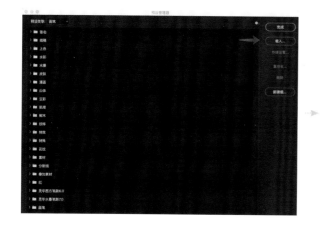

问题6："画笔"如何存储？

情况一：只保存单个画笔，在"画笔面板"下，先选中想要存储的画笔，再点击"导出选中的画笔"即可。

情况二：存储很多画笔时，打开"预设管理器"，按住"Ctrl"点选想要的画笔，此时不受组的影响，可以跨越不同的组来选择单独的笔刷。如图所示，箭头指向我选中的两个不同组内的笔刷，选中的笔刷底色会改变。之后点击"存储设置"，便会按照从上至下的顺序进行存储ABR文件。

问题7："画笔"如何制作？

方法一：此方法既可以用来制作画笔，也可以用来制作印章。

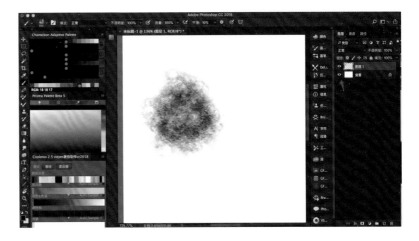

1.画出图形或准备素材，先得到一个我们想要的形状。

2.将背景层隐藏，然后选择"菜单"-"编辑"-"定义画笔预设"，在弹出的"画笔名称"弹窗下给画笔命名。

注意：使用画笔的时候只能画出这个素材的样子，没有其他的变化。在画印章的时候不要绘制底色，因为印章的效果是镂空的，在定义画笔预设的时候需要把背景层隐藏再进行保存画笔。

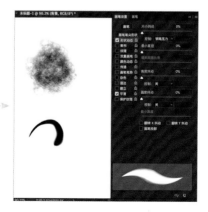

3.然后点击"确认"就可以将其保存为一个画笔，且出现在画笔列表的最后。

方法二：制作有变化的画笔。

1.重复第一种方法的步骤，先保存一个想要的形状的素材画笔。

2.调整"画笔设置"，调整到我们想要的效果。

3.再次使用"定义画笔预设"就可以将其保存为有变化的笔刷了。下一个问题中我们将展示如何调整一个没有进行过任何设置的画笔。

问题8："画笔设置"有哪些功能

功能一：形状动态

"形状动态"通俗一点说就是粗细变化。

1.勾选"形态动态"之后"预览"没有任何变化，这是因为虽然打开了这项功能特效，但还没有进行调整。

2.把"控制"这一项的"无"改为"钢笔压力"，可以看到"预览"变成了两头尖中间粗的状态。这不是代表画出来的图形会是这个形状，而是代表随着用笔的轻重起伏画笔会出现粗细的变化。

3.现在来画一下试试看，可以看到我从轻到重地画了一笔，笔触有了粗细变化。

功能二：散布

"散布"是一个扩散功能，当我们打开压感同时调大"散布"的数值时，"预览"变成了基础图形不断向外扩散的情况，画出来的时候会随着用力程度的变化出现随机的扩散。

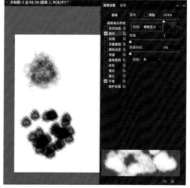 

功能三：纹理

"纹理"就是叠加素材的意思，我们
选择的素材会和笔刷产生混合的效果。

1. 初始的面板当中系统默认选择了一
个纹理。

2. 点开"纹理"小图标旁边的小三角，
可以更换已导入的不同素材纹理。

3. 点按一笔可以看到纹理有所不同。

初始面板

导入素材

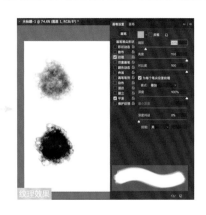
纹理效果

那么如何导入纹理素材呢？纹理素材的格式是PAT，相信大家还记得"预设管理器"这个功能。无论从哪个工具当中进入"预设管理器"，都可以通过选择预设类型来进行更换，需要导入PAT格式素材的时候只需要切换为"图案"，再点击"载入"即可。

功能四：双重画笔

"双重画笔"跟"纹理"的原理是一样的，只是这一次我们的素材是笔刷，也就是说将两个不一样的笔刷混合在一起。"双重画笔"可以通过"大小""间距""散布""数量"去进行调整。这里调整的都是第二个画笔，也就是即将叠加上去的画笔的数值。由于没有压感的笔刷变化不大，从这里开始每项功能我都打开了"传递"。后面会说到"传递"的用途。

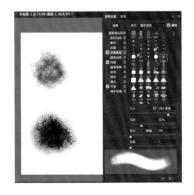

功能五：颜色动态

"颜色动态"是一个方便我们进行混色的功能。前景色和背景色可以直接理解为两支不同颜色的画笔。左侧箭头指向我设置的前景色和背景色，它们分别是黑色和红色。右边箭头所指的"前景/背景抖动"代表画笔颜色会在这两个颜色间浮动。控制颜色抖动的变化程度的东西依然是之前说过的钢笔压力。从图中可以看到画图时由于笔的轻重变化出现了红黑渐变。

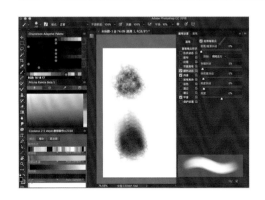

功能六：传递

"传递"代表深浅变化，通俗点讲，打开"传递"代表画笔变为半透明的状态了。

功能七：湿边

"湿边"只需要勾选即可，无数值选项，勾选"湿边"后画笔会出现湿润的边缘。

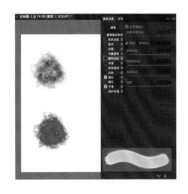

加深工具和减淡工具

这两个工具是非常实用的工具，不过我更改了它们的工具栏位置。一般在工具栏最下方省略号图
标下可以找到它们。

"加深工具"是一个越画颜色越深的工具，"减淡工具"是一个越画颜色越浅的工具。
右图是一个土黄色的圆，我对它的左侧进行了加深绘制，右侧进行了减淡绘制，可以看到很明显
的区别。选中加深或减淡模式之后，也可以共享画笔模式下的笔刷，只需要直接切换就可以了。
如图，我选择了一个带有纹理的笔刷来加深减淡，图中就出现了纹理的变化。

涂抹工具

"涂抹工具"就像是大家在用手机修自己的照片的时候使用的瘦脸功能，推动哪里，哪里就可以被推开。但是PS的强大在
于，涂抹工具也是可以共享笔刷的。它与加深、减淡一样，可以通过选择笔刷来决定涂抹的样式，不同的笔刷涂出的形状也
有所不同。鉴于可能性太多，就不一一配图了。

图层模式与画笔模式

"图层模式"与"画笔模式"是完全一致的，所以我就合并来进行讲解。在上一节中，我已经带领大家认识了图层的功能，
所以直接用"图层模式"来讲解对大家来说更为直观。后面我再来讲解"图层模式"和"画笔模式"的区别。那就让我们快
来认识一下图层模式吧！

图层模式

通常我们在使用"图层模式"的时候都是要保留最初画好的效果作为打底图层，
然后通过改变上方图层的模式来实现效果。

如右图所示，创建一个新图层，在图层面板下的小工具栏中红框的位置默认显示
"正常"。点击"正常"之后可以打开图层模式的下拉菜单，可以看到这个下拉
菜单当中除了不同的选项以外，还被分成了六个格子，下面将由上至下依次讲解
不同格子里面的内容和使用方法（这里我只介绍第一、二、四部分，其他三个部
分因为在我的画法中不太常用，就不介绍了，大家有兴趣可以自行尝试。）

正常和溶解

  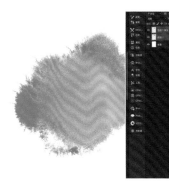

我用之前介绍过的混色笔刷随机画了一笔蓝色渐变的色块。正常模式即画出来时的直观展示，不会有任何变化。

复制颜色图层，将图层模式设置为"溶解"，并隐藏正常图层，现可以看到一种融化的效果。这个效果看起来稍微有些死板，因为融化得非常平均。

同时打开正常图层和复制图层，可以看到效果舒缓了很多。这就是前面所说的混合使用的最基础的方式，即将两层不同的效果交叠在一起产生新的效果。

变暗、正片叠底、颜色加深、线性加深和深色

第二至第四方格的第一项，都是用来标记这个格子下的效果类型。也就是说，"正片叠底""颜色加深""线性加深"和"深色"这四种效果都是用来变暗的。当然"变暗"这个选项本身也可以选择，它相当于一个均衡的整体变暗的效果，而且不会太强烈。下面是五种模式的对比图，左边为正常图层，右边为正常图层上拷贝一层并改变了图层模式的效果。

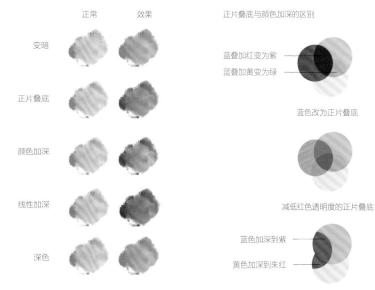

可以看到效果变化最明显的是正片叠底、颜色加深和线性加深。

叠加、柔光、强光、亮光、线性光、点光、实色混合

这一方格以"叠加"为主，代表后面所有的功能都是叠加的效果，而"叠加"则是默认的一个平均效果。下图为本格内的效果展示，第一行是正常效果，第二行是拷贝图层改变模式后叠加在正常图层下的效果。

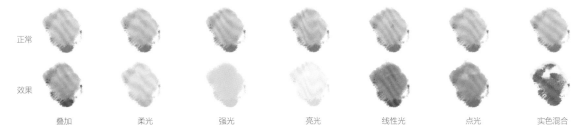

画画时，主要使用的是"叠加"和"柔光"这两个模式，以下我们重点介绍一下。叠加和正片叠底都是针对颜色进行叠加，这个效果会应用到下方所有的图层。区别是叠加只会改变颜色而不会使颜色变暗，它使颜色更加浓郁且饱和度变高。

柔光，直接的理解是柔和的光线。柔光模式下，叠加的图层颜色会减弱，所以粉色图层使用柔光效果置于顶层产生的紫色更加倾向于蓝色。一般来说我们需要叠加一些变色的感觉会选用柔光，因为柔光不会改变画面的饱和度，这样就避免了一些突兀的太鲜艳的颜色。

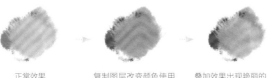

正常效果　　　　复制图层改变颜色使用　　　叠加效果出现艳丽的
　　　　　　　　叠加置于顶层　　　　　　　紫色

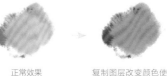

正常效果　　　　复制图层改变颜色使用　　　柔光效果出现的紫色
　　　　　　　　柔光置于顶层

画笔模式

首先来看一下画笔模式在哪里进行修改。如下左图所示，选中"画笔工具"的情况下，工具栏上方可以看到"模式"，默认是正常模式。如下右图所示，点击"正常"可以调取出画笔模式的下拉菜单。看到这个界面大家一定觉得非常熟悉，因为这些选项以及效果与图层模式完全一致。但它们还是有一些区别的，接下来我们一起来看一下。

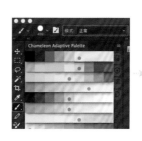

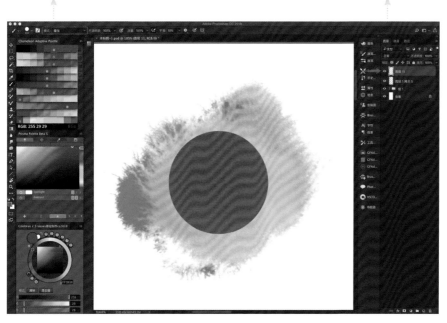

区别1　画笔模式改变的是画笔的效果，简单理解就是：对于不同的空白图层来说，我们所绘制的每个第一笔，都是基础效果，所以使用画笔模式效果，是从一个图层上的第二笔开始的。如下图所示，我在拷贝图层上方创建了图层11，并在图层11上使用无压感笔刷绘制了一个圆形，而绘制的时候画笔模式我已经修改成了叠加模式，但画面显示的是一个正常的圆形遮盖住了下方图层。

如果我们直接在原本的图层上绘制一个红色圆形，模式是"叠加"，绘制出来的红色圆形叠在蓝色基础图形上变成了紫红。

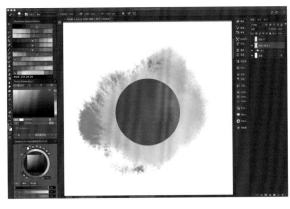

区别2　使用画笔模式的时候除了交叠的部分有显示效果，区域外也会受影响。但是图层模式在白底范围下不受这个影响。原因前面说过，因为白色的区域相当于没有内容，无法添加效果。

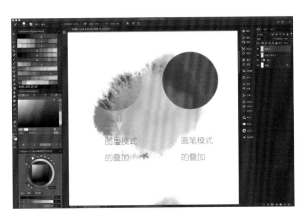

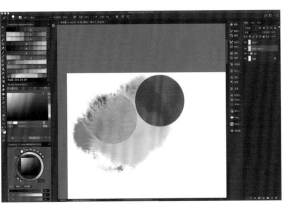

图中我将图层11设置为叠加模式，用画笔叠加模式分别在图层11和拷贝图层绘制了一个圆。其实这两个圆形都还是存在的，只是受图层模式的限制，我们看到图层模式的圆像是没有画出去的。将图层11进行移动，可以看到完整的圆形又出现了。想要不画出去，有非常好用的三种方法，我会在下一小节进行讲解。

其他补充

◈ 蒙版功能 ◈

"蒙版"相当于建立一个遮罩，就如在纸上粘一条胶带再去画画，胶带挡住的区域无法着色是一样的，区别是蒙版只是遮盖，而不是阻止绘画。我们要通过选区来完成蒙版的建立，选好区域以后本身这个图层或组依然可以随意绘制，我们只会看到选区内的内容。当取消蒙版以后，遮盖掉的内容又会显示出来。

遮盖技法点拓展

上一个小节中提到过有三种方法来解决"画出去"的问题，分别是锁定图层不透明度、剪贴图层蒙版和图层蒙版。

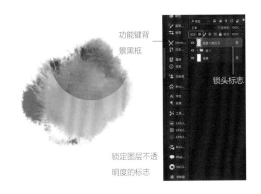

功能键背景黑框

锁头标志

锁定图层不透明度的标志

方法一：锁定图层不透明度

图层被锁定后，在当前图层下再次进行绘制会保持原有的图形和透明度。这个功能的优点是结合画笔模式来制作单图层的效果非常令人舒适；缺点则是一旦画好除非撤销否则无法恢复到原有的状态。所以如果使用这个功能，建议先复制一层作为备份。

方法二：剪贴图层蒙版

1.按住"Alt键"，将鼠标移至两个图层之间，可以看到出现了一个带有向下箭头的图标。

2.图标出现后点击鼠标左键，会看到两个图层变成了上方图层挂靠在下方图层上的状态。

3.这个时候在上方图层绘制任何效果都不会超过下方图层的范围。

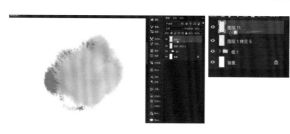 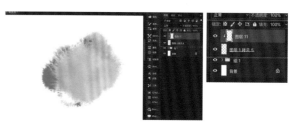

解除关联：再次按住"Alt键"不松手，将鼠标移动到两个图层之间，可以看到划掉箭头的图标。此图标出现后点击鼠标左键，图层会恢复到两个独立图层的状态。

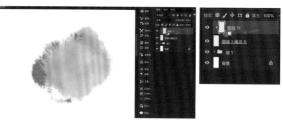

方法三：图层蒙版

如图，先选中想要添加蒙版的图层，调取选区之后点击箭头所指图标，系统将以当前选区为所选图层创建蒙版。之后在这个图层上进行绘制就不会画出去了。这个功能组也可以使用，选中组来添加蒙版就可以了，之后这个组当中所有图层都会被限制在蒙版的范围内。

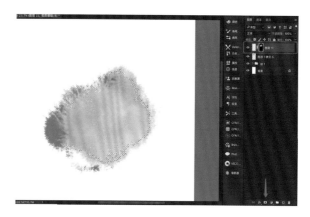

❖ 自由变换 ❖

按"Ctrl+T"之后出现了一个方框，这代表已经进入"自由变换"的状态。在这个状态下点击四角上任意一角的小方块并长按拖动鼠标即可放大缩小，如果需要等比缩放需要按住"Shift键"不松手。

在方块中点击鼠标右键会调用出功能菜单，可以看到除了"缩放"以外还有很多功能，这些功能都和"缩放"一样是通过方框上的节点来进行操作。

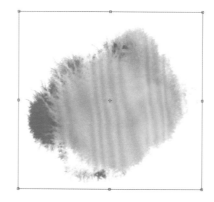 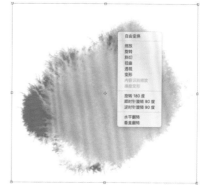

第二章

一半春休

『一年之计在于春，一日之计在于晨，一家之计在于和，一生之计在于勤。』这是一句广为人知的名言，出自《增广贤文》。让我们从春季出发，从最简单、最基础的步骤开始，一步一步地扎实学习。本章将会带大家感受春天的诗意和美好。

草色青青柳色黄

诗句「草色青青柳色黄」描绘了初春小草嫩叶的状态。初春，还有一些冬天的寒气没有完全散去，万物刚刚复苏，并不是一派繁荣的景象。因此也定下了整个图的清冷基调。

角色定位

当"清冷"作为关键词时，角色的形象也以柔弱但坚韧的气质呈现，因此我选用了年轻男子作画。

春天意喻着万物初始，一切新生的萌芽时期都辛苦不易，那么画中人物应当是一个沉静大气的状态。但性格过于沉静加清冷配色的设定容易给人太过刚硬的感觉，所以这里给人物配上了秀气的发带来弱化刚硬的感受。

为了强调初春略寒冷的气候，我给人物增添了保暖但不沉重的羽毛外袍，同时为了与复杂的外袍产生对比，我使用了简单大方的普通样式的服装。

发带

羽毛外袍

配色方案

诗句当中提到了两种颜色，青与黄。草地绿意盎然，柳叶初芽嫩黄可爱。所以我们这张图的配色以青绿为主，黄色为辅，再加一些对比的红色作为点缀。

主色　　　　　　　　　　　　　　　　　　　　　辅色　　　点缀

道具设置

除非是绘制皇亲贵胄，否则男子不宜配戴过多饰品，过多会显得累赘。以清新点缀为目的，我们选用了发带、柳条、小燕子来衬托人物。

下面我们先来了解一下发带、柳条及燕子的画法。

发带　　　　　　　　　　　　柳条　　　　　　　　　　　　燕子

发带绘制方法

绘制发带需要掌握两个关键的要素。第一，发带的结在哪里。一般很少绘制平铺在桌面上的发带，通常发带是系在或搭在某个物体上作为装饰出现的，所以知道在哪里打结会决定发带运动的起始点，此为关键。第二，发带下垂的转折。发带的下垂有两种可能，一种是垂直下坠，一种是产生转折的下垂，要格外注意转折出现时布料的翻转。

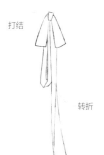
打结

转折

① 先绘制出线稿，注意发带的方向。

▶选区使用方法见第 12 页

② 铺底色，底色复制一层作为选区备用。

③ 绘制大概的颜色变化，这里以绿色作为范例。通常青色、绿色、黄色搭配是比较舒适的。

④ 调整线稿颜色使得线稿能够融入画面。

⑤ 绘制阴影区域，营造一些淡淡的对比。

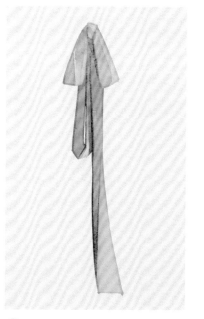

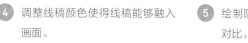
▶如何制作水痕见第 12 页

⑥ 添加水痕，让我们的图更加像手绘的风格。

▶如何使用叠加模式见第 20 页

⑦ 过多使用纹理笔刷会导致画面变灰，这里我们使用叠加图层模式来提亮画面。

⑧ 叠加纸纹效果，完成绘制。

柳条绘制方法

柳条看上去很容易绘制，但是绘制柳条有很多需要注意的细节。画好柳条需要抓住其特征。它枝条细，小关节多，在关节上容易分叉细枝条。细枝条上一般不会长很多叶子，叶子主要集中在主枝条上。叶子呈发散状态，会朝向不同的角度，但多为下垂。掌握好这些特点，柳条也就不是太难画了。

绘画步骤

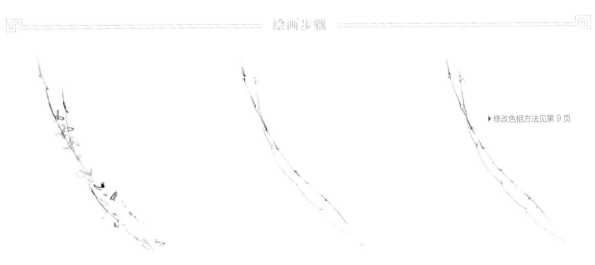

▶ 修改色相方法见第 9 页

1 先绘制草稿，定好柳条的方向和叶子大概的数量。

2 绘制柳条的藤条，这里需要注意关节的顿挫。

3 给藤条修形，同时将藤条改为绿色。

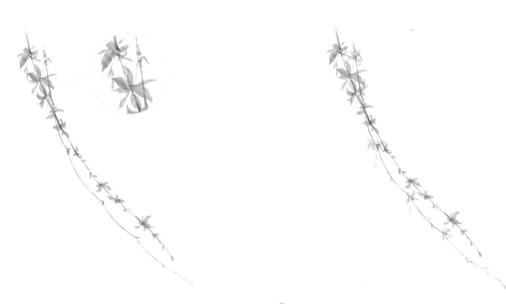

4 绘制靠前柳条的叶子，建议初学者寻找一些参考照片或者外出观察杨柳的生长规律 。

5 用同样的方法绘制出靠后的叶子。

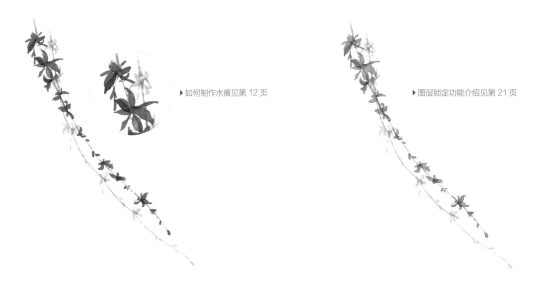

▶ 如何制作水痕见第 12 页

▶ 图层锁定功能介绍见第 21 页

⑥ 添加水痕，使得画面更接近手绘效果。

⑦ 锁定图层，让前后叶子的颜色有所区别。

▶ 如何使用叠加模式见第 20 页

⑧ 由于使用了很多纹理笔刷，画面会比较灰，这里我们使用叠加图层模式来提亮画面。

⑨ 叠加纸纹效果，完成绘制。

燕子绘制方法

大家在绘制动物的时候，如果没有经验，一定要找参考，因为不同的动物形态差距很大。画古风图适合找一些古画作参考。我国特有的一些鸟兽概括技法是无法通过参考照片来学习的。对于不同的部位，特点和技法都有一些区别。了解了这一点，我们再来看具体的步骤就非常清晰了。

====== 绘画步骤 ======

1　绘制燕子的草稿，不需要非常精致，但基本动态和特点要抓住。比如燕子的尾巴开衩就是一个非常明显的特点。

2　因为燕子头部都是黑色，所以古风画法不绘制眼睛。我们先把头画好，然后在脖颈与身体相接处留一点过渡的晕染。

3　绘制燕子的翅膀。虽然翅膀也是纯黑色，但是翅膀上有一些羽毛，我们要深浅有度地显示翅膀上的羽毛的层次。

▶如何制作水痕见第 12 页

4　用大笔爽快地铺一层肚子的底色。选择蓝紫倾向的灰色是因为燕子羽毛大部分是黑色，而黑色是冷色调，所以肚子颜色不宜太暖。

5　燕子的尾巴用同样的方法画出，同时给翅膀加入一些碎的色块，为制作水痕做准备。

6　使用查找边缘功能制作水痕。

⑦ 给燕子涂上一层淡淡的灰黄色，为稍后绘制身体做准备，同时把燕子特有的红色毛发画出。

⑧ 将树干的走向画出，给身体加上一些毛发走向的细节。

⑨ 用浅灰色给树干增加细节。如果不了解古风树干的特点的话，需要找一些国画作参考。

▶ 如何制作水痕见第 12 页

⑩ 给树干细节的图层添加水痕增加质感。

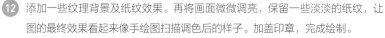

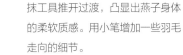

⑪ 用白色画树干细节，身体部分用涂抹工具推开过渡，凸显出燕子身体的柔软质感。用小笔增加一些羽毛走向的细节。

⑫ 添加一些纹理背景及纸纹效果。再将画面微微调亮，保留一些淡淡的纸纹，让图的最终效果看起来像手绘图扫描调色后的样子。加盖印章，完成绘制。

演示过程

———————————— 绘制草图 ————————————

1 绘制人物草图。绘制的草图基本符合想要的形态即可，用深色和浅色简易地区分各部位，避免后续上色时忘记元素。

2 绘制燕子草图。这里主要是为了定一下燕子的大概形态、方向及位置。

配饰不是非常重要，后续还可以调整，不需要太细，避免抢戏。

3 绘制柳条草图。在这里浅浅地绘制几条确定方向即可。

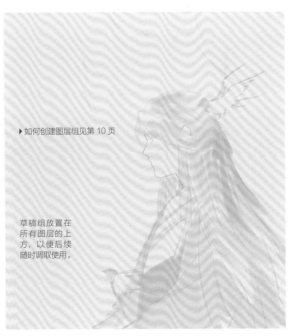

▶ 如何创建图层组见第 10 页

草稿组放置在所有图层的上方，以便后续随时调取使用。

4 创建草稿组，将草稿图层组降低透明度。新建皮肤图层组，在皮肤图层组内新建图层，进行皮肤部分的勾线。

无压感笔刷绘制目的

一是为了能够使后期做效果不会漏出其他部位的颜色；
二是为了能够在前期修改的时候随时调用局部的选区。
备注：无压感笔刷上色的目的都是这两点，后期的解说不再赘述。

⑤ 在皮肤线稿层下面新建图层，用无压感的笔刷给皮肤的
区域绘制底色。

⑥ 在皮肤底色图层上方新建图层绘制五官线稿。由于后期
可能需要调整线稿，暂时不要合并图层。

注意正侧面眼角的结
构表现，上眼皮应压
住下眼皮。

⑦ 在五官线稿与底色层中间新建图层，进行眉毛和眼线睫
毛部位的描绘。

⑧ 在眼睛细节图层下方新建图层来绘制皮肤细节，我们先
用淡笔刷给皮肤需要强调的部位上一些暖黄的浅色，比
如额头、眼角、鼻头、脖子等位置。

⑨ 这时皮肤的区域已经初具形态。暂时将草稿组隐藏，让
我们对皮肤更精准细化。将皮肤几个颜色较深的区域缓
缓加深，比如眼窝、脸颊、鼻头、耳朵和脖子。

10 锁定五官线稿层，使用无压感笔刷改变线稿颜色为深红，使其更能融入皮肤。给眼角添加一个浅浅的红色。

11 回到皮肤层给眼珠上色，注意一笔要上深下浅，有一个变化。

12 给脖子和耳朵绘制一些深色，注意不要太深。水彩风格的图画颜色很深的话到后面就不太好调整了。

13 给嘴唇周围绘制阴影，注意颜色不要比脖子更深。

头发的深色可为后面调整皮肤颜色时作对比。

▶ 如何使用叠加图层模式见第 20 页

14 在皮肤图层组上方新建头发图层组，按照草稿使用无压感笔刷绘制出头发的实心区域。

15 回到皮肤图层组，调整颜色和细节。新建图层，使用叠加的图层模式给皮肤的主要区域添加一些暖橙色。再使用非常细的笔刷在脸颊、鼻头、眼皮等需要细节的部位轻轻地画上一些细细的线条。

16 用同样的方法使用橘红色浅浅地给嘴巴周围叠加一些暖色，但应与脸颊有一些细微的不同。

17 因脸部并不特别骨感，我对下巴的厚度进行了调整。将头发底色层调整成纯白色，这是为了不影响绘制发色。

18 在头发组新建图层，使用剪贴图层蒙版功能将新图层依附于底色层。然后用有纹理的笔刷将整个头发直接绘制成黑色和灰色随机渐变的状态。

19 使用同样的笔刷给靠近皮肤的头发画一些浅色。用同样的笔刷是为了避免出现纹理无法融合的情况。

20 新建图层，同样修改为剪贴图层蒙版状态。用硬且边缘明显的笔刷将耳朵周围的头发走向绘制出来。

21 给刘海增加细节，注意不要用一条一条的细线，采用上一步的方法绘出刘海的层次即可。

22 切换成大面积渲染的笔刷，随机为头发增加一些更深的颜色。

23 使用大面积渲染笔刷，浅浅地给脑后头发边缘加一些反光。

24 由于画面最后效果是暖色，先将背景微调至暖色。

将头发组所有图层由上至下合并，避免剪贴图层蒙版功能出现合层错误。

然后用冲边类型的涂抹笔刷将头发的边缘全部做成水墨淡淡晕开的状态，以此增加手绘的质感。

25 使用纹理橡皮擦减淡头发边缘，呈现出比较整体的纹理效果。

26 在头发上方新建图层，用细线来区分刘海和其他部位的头发走向。

27 沿着上一步做好的细线，顺着发片飘散的方向继续绘制头发细节。

28 锁定细线图层，将其改为浅色，把外边缘的细线改为浅灰色。

29 复制头发图层，这样可以加深半透明图层的颜色。再用大渲染笔刷随意添加青绿、蓝紫等冷色。

30 在上方的复制图层上，用纹理橡皮对边缘飘散的头发进行淡淡地擦除，这样可以营造头发轻柔的质感。

31 为了能够使刘海分布的层次偏平面质感，同时使细线融入，新建一个图层，随意画一大笔深色渲染。同理绘制束发区域。

▶如何使用正
片叠底模式
见第19页

32 将背景换成青暖色，以便观察头发
与肤色。用同样的方法换浅色以增
加反光。

33 使用正片叠底模式再强调头发边缘
发丝的细节。

━━━━━━━━━━ 绘制服装 ━━━━━━━━━━

34 在头发组与皮肤组下新建服装图层
组，在组里新建图层，使用无压感
的笔刷绘制服装区域。

35 根据衣服的位置将下巴下面的头发
进行微调，让头发柔顺地垂下。

36 依据服装颜色调整背景，将服装区
域填充为绿色。将草稿打开以确定
上色的位置。

▶如何使用渐
变工具见第
11页

37 锁定服装底色层，使用渐变工具由
下至上绘制一个从青蓝色到绿色的
渐变效果。

38 与上一步使用同样的方法由上至
下绘制一个从黄绿色到绿色的渐
变效果。

39 将背景层改为白色以便观察线稿，
在服装底色层上方新建图层，按照
草稿绘制简单的绿色线稿。

调整背景色的原因

上面步骤中多次调整背景色，或加深或减淡，或调暖或调冷，这些调整都不是无理由的，调整背景色是为了更好地观察当前正在调整的区域颜色是否合适。以后调整背景色我就不再依次解析了。

40 在服装底色层上方新建图层，用无压感笔刷绘制浅色羽毛外袍的实心底色。切记不可用白色作为底色，否则无法绘制后续的层次。

41 清除羽毛外袍的线稿，随意绘制几笔羽毛的走向，然后用涂抹工具做一些融合。这是为了制作一个简易的效果预览。

42 新建图层，按照绘制好的走向，使用长条形状的笔刷绘制出大片的羽毛，然后将上一步的图层删掉。

43 新建图层，使用同样的方法将远处以及近处靠下位置的羽毛画出，然后将不透明度降低，使这两个地方的羽毛看起来轻浅。

▶如何使用叠加图层模式见第 20 页

44 使用叠加图层模式为羽毛添加一些蓝绿色变化，可以随意决定位置来表示羽毛的不规则散落。

45 使用稍微浅一点的颜色给近处的羽毛增加一个外边缘。

46 在羽毛图层下方新建图层，用渲染类硬笔刷绘制一些散开的非常浅薄的羽毛。

47 在领口绘制一些微弱的白色，提高整个服装图层的明度。这是为了测试颜色是否合适。

48 隐藏所有线稿，取黄绿色沿着领口向下绘制胸部服装的色块。

49 打开羽衣图层查看羽衣与胸口颜色是否冲突。随时打开隐藏图层查看非常重要，像这里由于胸口部位颜色较浅，导致无法看清半透明羽衣的轮廓。

50 为了解决上一步出现的问题，将衣袍改为较为紧身的、带有细腰带的样式。勾勒出新的线稿后，将原来的胸部色块删除。这时我们已经能看出羽衣的形状了。

51 由于线稿修正了，底色层的形状已经不再与线稿匹配，我们使用选区工具将多余的部分删除。

52 为羽衣添加一些蓝色，避免与服装的绿色太过相近。

53 新建图层，设置为剪贴图层蒙版状态，将笔刷模式改为正片叠底，先为整个服装绘制一遍绿色，再为褶皱绘制一遍，颜色会自动叠加。

▶如何制作水痕
见第 12 页

54 为服装部分添加水痕。

55 在羽衣图层上方新建图层，使用任意比较明显的颜色进行一些羽毛细节的绘制。

56 将羽毛图层的饱和度降低，再将上一步绘制的羽毛细节图层直接改为白色。使用橡皮擦工具擦出边缘的羽毛细节。

57 由于改变了服装样式，动作也应该更加收紧。可以在对服装图层进行合层后，使用选区工具和橡皮擦工具对形状进行修改，将图调整至想要的状态即可。

修改局部外形的注意事项

在我们决定对某个部分整体进行较大改动前，应先对所有与这个局部相关的图层进行合层。

58 新建发带图层组，组内新建图层，先绘制出一个发带区域，再用渲染笔刷做一些渐变色。

59 新建图层，在绘制好的底色区域上方按照实际需要绘制线稿外形。

60 根据上一步的线稿将底色层多余部分删除。

61 使用冲边形状的涂抹工具修改靠近头发边缘的发带，使发带与发丝柔和。

62 选择材质感较强的笔刷，用深色对发带进行随机纹理的绘制。

63 新建图层绘制阴影，形状不必太过拘束。

▶如何制作水痕
见第 12 页

64 为阴影部分制作水痕。

65 营造发带与发丝的距离。在头发层上方新建图层，使用大面积渲染笔刷暂时将头发上半部分绘制成较深色的状态。

66 为了方便后续制作头发深浅变化，新建图层，对头发下方也进行与上一步一样的操作。

67 将前两步制作的两个图层分别锁定并改成不同的蓝绿色。

注意：头发上下一定要分开图层，这样两个图层分别对头发上下两个部分进行加深，之后调整过渡的时候互相不会干扰。

— 绘制燕子 —

69 使用深色的水墨笔刷进行燕子外轮廓的绘制，这时候可以随意一点。

70 使用与头发一样的涂抹工具将燕子的边缘涂抹修改，以便查看燕子与头发是否相协调。

68 根据草稿使用无压感笔刷，用比背景深一点的灰色为燕子绘制选区。同时将柳条草稿改为绿色。

71 尝试绘制燕子翅膀和尾巴，主要是看翅膀与尾巴张开的角度是否需要调整。

72 增添一些杂乱的细节看燕子是否平衡。这个过程中也可以找参考图参考。

73 使用选区工具调整翅膀、尾巴等轮廓，添上燕子的腿，腿简化就好，不要"抢戏"。

74 燕子展翅的状态下，翅膀应该扩张得更加剧烈，同时燕子头部可以缩小一些。确定了形状后，为燕子添加标志性的红色颈部和尾部。

75 在头发层上面新建图层，为头发增加一些细节粗线条，这是为了压住燕子的细节，避免燕子抢戏。此时暂时不动这个图层，等待燕子和柳条全部完成后再调取出来修饰。

绘制燕子的事项

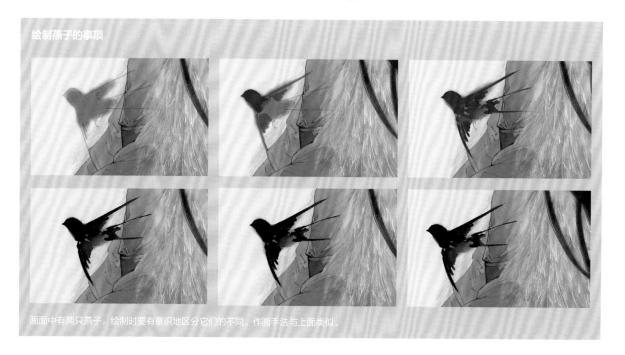

画面中有两只燕子，绘制时要有意识地区分它们的不同。作画手法与上面类似。

76 隐藏头发来查看两只燕子的颜色是否正常，这时我认为上方的燕子还有调整的空间，因此重新做了微调。

77 为燕子添加较为清晰的外轮廓，这是为了之后绘制纹理背景的时候不影响燕子的颜色。

78 将两只燕子的头部处理成没有压感的状态，这是为了后续头部不会被背景层影响。

───── 绘制柳条 ─────

79 重新打开头发视图，对柳条进行绘制。

▶ 如何制作水痕见第 12 页

80 为柳条添加少许叶子。

81 为柳条添加水痕。

▶ 如何使用叠加图
层模式见第 20 页

82 将柳条层复制一层，并对上方图层枝条末梢的位置进行
半透明擦除。这样可以使上方根部的柳条更加清晰。

83 使用叠加图层模式将柳条根部改为青色，末梢改为黄
绿色。

—— 调整头发 ——

▶ 如何制作水痕
见第 12 页

84 将绘制燕子时制作的头发细节图层
重新打开，可适量增加或减少这部
分细节。

85 为头发细节制作水痕。

86 新建图层，选择柔边水墨线稿笔刷
随意画出一些飘散的头发，使得头
发的状态不再死板，同时也增添了
新的细节。

▶ 如何使用叠
加图层模式
见第 20 页

87　在所有的图层组下方新建图层，使
用纹理类渲染笔刷随意绘制一些带
有质感的随机图样。

88　使用橡皮擦调整上一步的图样，使
之成为自己想要的形状。同时将柳
条图层改为正片叠底，使其能够融
入背景。

89　使用叠加图层模式为背景形状做出
黄绿渐变效果。

90　将所有图层组合并，然后复制一层
使颜色加深。

91　再次使用叠加图层模式，调整背景
纹理的颜色。

92　在上方新建图层，叠加纸纹。将图
层透明度调整到可见微弱纹理的状
态即可。加盖印章，完成绘制。

春山一路鸟空啼

诗句「春山一路鸟空啼」描绘的是春花落尽，鸟啼无人欣赏的哀伤。以诗歌为灵感进行创作时是让我们基于此想象，而不是单纯绘制诗句背后的意思。

角色定位

诗句讲了春花落尽，鸟儿啼叫的场景，所以我们的定位是晚春。晚春的花我选择了桃花，花的元素一般是配合女性进行表现，而桃花是娇艳可人的，因此我选择了温柔的少女。因为花朵已经落尽，所以在这里选择用落花的元素。

少女形象

落花元素

配色方案

绘制的是桃花，所以主色选择了粉色，春天给人的印象里一定还要有绿色，同时选择棕黑色来表现泥土的元素。

主色　　　　　　　　　　　　　　　　　　辅色　　　点缀

道具设置

落花和飞鸟都是看到诗句后直观感受到的、必不可少的道具。诗句在感叹美景如画无人欣赏，因此选用画卷作为道具，同时配以彩云来丰富画面。

落花　　　　　　　　　　飞鸟　　　　　　　　　画卷

画卷绘制方法

绘制画卷并不难，关键在于了解画卷的结构。卷轴、画纸及打结的丝带，了解了这些就可以在线稿部分绘制比较完整的画卷了，上色也就变得简单很多。

 绘画步骤

1 绘制出草稿，这里只要想好如何摆放就可以了。

2 一次性完成大部分的长直线结构。

3 将短直线和曲线完成，注意下方卷轴的截面不要完全平行。

4 画出打结的丝带。

5 擦除交叠遮挡部分的线稿，在线稿下方的图层上铺上底色。

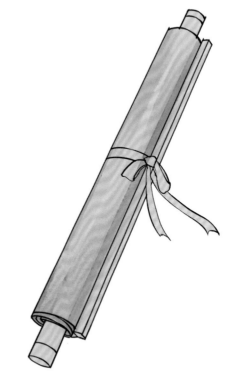

6 给画卷的主体部分画出两侧的阴影添加立体感。

⑦ 给卷轴画上深色，并留出比较亮的
高光，塑造上漆效果。

⑧ 完成丝带和卷轴封边的位置。

⑨ 添加水痕。

⑩ 叠加纸纹并调整整体亮度。

⑪ 在画卷下方加一些淡淡的阴影。

⑫ 加一些点缀的喷溅点丰富画面，完成绘制。

备注
如何制作水痕见第 12 页

绘制线稿

1 绘制人物草图，草图基本符合想要的形态即可，重要的
是定好各个元素的位置。

2 人物的脸部是视觉的重心，先将头发和脸部的线稿画
出来。

3 快速地画出服装的轮廓，注意遮挡关系。这里袖子比较长，
遮住了手。

4 先画一只鸟的线稿，再复制翻转得到另一只鸟，然后配
上一些简单的云彩。

⑤ 线稿确定了以后隐藏草稿，将线稿进一步完善。

⑥ 给人物的部分填上底色。

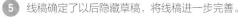
绘制底色

⑦ 新建图层，给背景的内容也填上底色，同时将各个部分的配色决定下来。

⑧ 将想要使用的纸纹做好放在最上方，如果是浅色纸纹会使画面变亮，这样就不会影响后面取色了。

9 试验几个脸上想要用的颜色，用确定好的颜色，在脸部重要的位置上画一些色块。

10 女性脸部比较柔和，因此直接用涂抹工具将色块抹开。

11 用更深的颜色涂在脸颊上。

12 在皮肤图层上整体做出渐变效果。

13 将脸上的颜色缓慢地晕开，给瞳孔加一个底色。

14 细化瞳孔并加上高光，再画出眼白和鼻子的高光。

15 给脖子绘制阴影，加深眉毛和眼皮，完善脸部细节。

16 新建图层，给头发铺上明暗变化。

备注：其实头发是打算用黑色，但是绘制黑色时很容易画得太暗不好修改，因此先用粉色，最后再调整。

17 强调头发的明暗交界线。

18 使用涂抹工具快速晕开头发的暗部与明暗交界线的颜色。

调整

上色时要不断对比调整，比如步骤 17，头发颜色加深后感觉到眼睛不太凸显了，这时就需要回到眼睛图层，加深眼睛。

19 新建图层，使用纹理笔刷给头发铺一些重色，给纹理图层制作水痕来增加变化。

头发细节要点

要点一：脸部周围的头发要添加一些肤色，并用涂抹工具使肤色融入发色，这样头发会更透气。

要点二：最后需要新建图层用比较实的笔刷绘制头发阴影，并给阴影制作水痕效果。

20 画出发带的阴影变化，把头发整体调整成在粉色状态下较为舒适的亮度。

21 把头上藤条的线稿改为绿色，让线条融入图像。给花朵上色，以花蕊为中心绘制浅色到深色的渐变。

调整

调整一：重新把眉毛和眼线强调成黑色让眉毛和眼睛能凸显出来。

调整二：将腰上的花朵也做出渐变，头上的叶子给一些浅色的变化。

调整三：为了能够在头发改为黑色时保留水痕，调亮头发颜色。

绘制服装

22 给衣领画出渐变的阴影，调整阴影的形状并将厚度表现出来。

23 用同样的方法绘制里衣的衣袖，用涂抹过渡之后，给这两个区域制作水痕。

24 新建图层，使用纹理笔刷给衣服添加明显的红色。然后调淡红色，但要保留纹理的形状。

25 绘制随机的阴影，清除掉涂出去的区域。

26 使用叠加图层来丰富颜色变化。

27 补充裙子和外套边缘的颜色。

28 将头发调成黑色，细化头发的亮面。

29 头发变成黑色后，衣服的颜色就可以调成浅色，这样的
调整是为了保持画面的对比。

30 给衣服上的小花制作水痕。

31 新建图层，给服装制作一些随机的橙红色纹理。

32 将两个图层叠在一起。

33 将外套边缘和衣领的图层直接调为棕黑色。

34 细化画卷和飘带，给其中一只鸟绘制多个丰富的颜色，并复制翻转到另一只鸟上。

35 给背景画一些随机的雾气和落花，并用渐变的方法将彩云颜色完成。

36 将服装上的花朵重新调色，黑色加
在粉色上有些沉闷，这里我换成了
白色。

37 为衣服增加整体的阴影。

38 对整体进行效果的微调，绘制一些喷溅白点，加盖印章。完成绘制。

备注

如何使用渐变见第 11 页
如何制作水痕见第 12 页

第三章

夏时小池

"出淤泥而不染，濯清涟而不妖。"这句话出自周敦颐的《爱莲说》，莲花在他的笔下是清廉、正直、高洁的君子形象，学习绘画的同时也要保持自身良好的品格。本章将带大家欣赏莲花的清新高尚，在品味美景的同时，也能学习怎样描绘惹人怜爱的莲花。

荷花素有出淤泥而不染的美名,因此我选用了年轻的素衣女子。

接天莲叶无穷碧

诗句『接天莲叶无穷碧』描绘了荷塘中荷叶密布的夏日盛景,所以我脑海中映出的是一个俯视的场景,一览满池的荷叶。

诗句当中提到了一种颜色:碧。碧是一种让人感觉很清凉的绿色。我们这张图的配色以绿色为主,蓝黑色为辅,再加一些对比点缀的粉红色和橙黄色。

主色　　　　　　　　　　　　　　　　　　　辅色　　　点缀

这张图为了表现荷叶的数量多,所以绘制了大量的荷叶与荷花,人物再增加复杂的配饰会显得累赘。下面是绘制荷叶与荷花的简单演示讲解。

荷花绘制方法

荷花与荷叶都是以圆形为基础去变化的，知道这个特点以后它们会非常好画。它们的颜色是红与绿这两种对比颜色，但是荷花的红色较浅且花瓣颜色有渐变。

绘画步骤

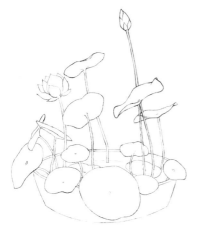

① 先绘制荷花盆栽的草图，再新建图层勾线稿，线稿都是闭合状态。

② 用魔法棒快速选择白色背景，再反选荷花，填充一个颜色。

荷叶颜色

荷叶的绘制需要选择一个可以双色渐变的笔刷，先选出最大的叶子来试验笔刷混色的效果。双色笔刷的制作可翻阅第16页中问题 8 的画笔设置。

③ 确定效果后将近景区域的叶子一次性填上底色。并在第一个叶子上绘制叶脉来查看效果。

④ 给前景所有的叶子都画上叶脉。

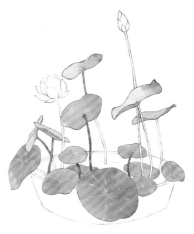

⑤ 用同样的方法将上方的叶子画出底色，这里的颜色与下方稍有变化。

⑥ 继续绘制叶脉，注意朝向光的方向使用浅色，背面区域则使用深色。

⑦ 将所有的根茎画出。

⑧ 复制所有画好的内容并制作水痕。

⑨ 使用混色笔刷涂出荷花的底色，用勾线的方式给荷花花瓣添加脉络。

⑩ 使用材质笔刷一次性将花盆绘制完成，将中间有泥土的地方涂黑。加盖印章，完成绘制。

① 草图阶段主要是确定荷花、荷叶和人物的位置，外形基本符合思路即可。

③ 将背景元素全部勾线。为了方便后续调整线条的颜色，这里的三步勾线是在三个不同的图层上保留的。

② 降低草稿不透明度进行勾线，将人物五官和衣服勾勒出来，注意与其他元素的遮挡关系。这张构图中头发的飘散状态导致了头发的结构比较复杂，所以单独进行勾线。

④ 使用无压感的笔刷铺底色，按照之前想好的配色给各个
元素都加上底色，注意要将不同颜色的图层分开，这是
为了后面给不同的地方上色时可以不画出去。

⑤ 从简入手，将皮肤部分的线条颜色
改为橘红色，使线稿不突兀。

⑥ 选择粉红色强调脸颊、鼻子和嘴巴
等重要的位置。

⑦ 服装我选择的浅色，因为浅色容易
受环境影响，所以为了避免颜色的
错觉，我选择了绿色的对比色淡粉
色进行绘制。

8 选择一个较深的颜色将袖口单独绘
制出来，这样可以方便后续有选择
性地深入操作，例如添加花纹或者
服装脉络。

9 新建图层，将图层模式改为颜色加
深，使用一些花纹素材笔刷大面积
地铺一层花纹。

10 关闭头发底色图层，以方便后期查
看头发留白，画出头部附近的头发。
理想的状态是几笔大面积的随机笔
刷一次成型。

11 用相同的方法绘制左侧与右侧的头
发。注意在绘制大面积的颜色时，
可多建立几个图层，以便后期分层
修改。

头发细节要点

要点一：做细节前先将所有头发的上色图层合层并制作水痕。

要点二：头发的上半部分的阴影边缘可以画实一些。

要点三：下半部分的头发由于大面积摊开，头发没有那么厚实，所以这部分的阴影只需浅浅带一些过渡，柔和一些即可。

要点四：最后可把两个阴影层合层复制一层，使阴影效果更明显。

⑫ 将右上、左上、下方三个区域的荷叶分三个图层提取选区，以便后期修改。用双色笔刷给荷叶上色，三个区域的荷叶颜色需要区分开。

荷叶细节要点

⑬ 新建图层给荷叶画上浅绿色的叶脉，降低橡皮擦的透明度将下方荷叶的叶脉擦除，营造若隐若现的效果。

要点一：荷叶分上下层绘制，下层荷叶更靠近水面，颜色更深，上层荷叶靠近光源，颜色更亮，通过颜色营造荷叶的上下空间。

要点二：因近实远虚的透视原理，前面的荷叶细节会更多，颜色的饱和度要高与后方的荷叶。

14 在背景层上使用渐变工具制作一个由深绿向透明的渐变，起始的位置靠近荷叶中心。

15 为背景图层添加一个杂点材质。

— 绘制头发 —

发丝细节要点

要点一：发丝的线条要按照头发的分组与走向绘制，脸部周围的发丝线密集，后脑勺的发丝线稀疏。

要点二：以身体前方的头发为例，这种转折明显的头发细化的线条方向要靠近转向的位置。

要点三：头发转折点线条密集颜色深，头发散开处线条稀疏颜色浅。

要点四：右侧与左侧发丝要有区别。

稀疏
密集

线疏色浅
线密色深

16 使用渲染扩散类型的笔刷加深头发的一些起伏点，这里深浅不需要太在意，是为了后面特效区域做准备的。

17 在第 10 步的时候我把头发的选区层改为了白色，导致头发有一个白底的感觉，所以头发看起来比较灰。在这一步将选区层隐藏，可以看到头发变成了半透明的状态叠在背景上，也透出了下方的纹理。

绘制荷花

18 将荷花的底色变为白色，再用半透明笔刷画出从粉色到白色的渐变。

19 给荷花中间添加一些橙色，浅浅地透一些白色。

20 为荷花添加金黄色的花蕊。

21 为花蕊添加水痕。

22 为荷花分层的部分添加阴影，之后制作水痕。

23 用深粉色的细线给荷花增加细节。

㉔ 在所有图层的最上方新建图层填充
一个橙灰色，使用颜色加深模式来
让整体画面变得古朴一点。

㉕ 调整脸部细节，添加高光，这里的
高光使用浅黄色就可以了，不要
太白。

㉖ 新建图层，使用叠加模式给头发添
加一些蓝紫色，靠近荷花的部分添
加一些橙红色。

㉗ 使用滤色模式图层给荷花增加一些光效。

㉘ 在荷叶上画上一些水珠。

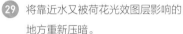

29 将靠近水又被荷花光效图层影响的地方重新压暗。

30 对头部周围以及下方近景的荷叶增加一些黄绿色，使画面层次感更明显。

31 在最上方添加一个浅灰色的正片叠底图层，将画面整体压暗。

32 给荷叶添加纹理效果。

33 用浅蓝色把服装的厚度画出来。

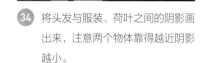

34 将头发与服装、荷叶之间的阴影画出来，注意两个物体靠得越近阴影越小。

35 使用滤色模式的图层以及材质笔刷提亮荷叶局部，以此来营造画面的中心。

36 提亮人物的脸部。

37 为荷花叠加橙色，让荷花呈现暖光。

38 为人物绘制暖色的头饰，样式随意，这是为了与同样是暖色的荷花建立联系，使得人物不至于在色调上太孤立。画出头饰和头发之间的阴影。给金属头饰绘制高光。

39 为荷花绘制纯白色的边缘，营造一种仙灯的感觉。绘制一些小的暖色水滴随机散落。

40 给头饰周围的头发添加一些随机的黄蓝色块来增加颜色变化。

41 给靠近荷花的头发边缘添加一些橙红的高饱和亮色呼应光晕。

42 大面积地画一些零散的细小白点。

43 随机挑选一些位置画一些密集的喷溅点，仿制水彩中牙刷喷溅的效果。

44 使用加深工具给荷叶的局部加深，这里可以选用材质类的笔刷，画中会出现一些高低饱和颜色穿插的特效。

合并图层添加材质

注意事项一：添加材质之前先合并图层，合并时依据图层分组进行合并，如人物图层组、头发图层组、荷花图层组。
注意事项二：合并图层时要由上至下选择需要合并的图层。

人物图层合并之后添加材质效果

头发图层合并之后添加材质效果

荷花图层合并之后添加材质效果

45 添加材质之后，头发丢失了一些细节导致大面积的头发看起来连成一片，此时对头发和头饰再次进行水痕的操作，让边缘来代替细节。

46 在这个角度下头发上半部分太过松散，因此在最后一步我又对头顶做了一个缩小的调整。加盖印章，完成绘制。

角色定位

仙子和红腮这两个关键词给我一种害羞而出尘的女子印象。

配色方案

诗句的侧重点是荷花,在配色上就以橙红色暖调为主,而仙子出尘给人素雅的印象,因此用大量的暖灰色调辅助为好。

主色 辅色 点缀

道具设置

荷花是一个重要的道具,但也要有一些莲叶点缀,因此我选择在人物头上绘制一个莲叶头饰。

水中仙子并红腮

诗句「水中仙子并红腮」并不是真的在描写仙子,而是对荷花的拟人。同为描写夏日荷花,上一例中诗句的侧重点是莲叶,这一例则是荷花。

流苏穗子绘制方法

流苏穗子是很常见的道具，经常作为饰品的一部分出现。在这里我绘制了一个宝石饰品，用穗子穿了起来。

1 先绘制大概草稿，确定造型和流苏穗子的数量。再降低草稿不透明度，新建线稿图层进行勾线。

2 基本确定好线稿之后，填充一个底色用以提取选区。

3 虽然这里是演示绘制流苏，但在这个饰品中，主体是宝石，穗子是配饰，因此从宝石开始绘制，先给宝石一个底色。

4 为宝石添加颜色变化。

5 为周围的金属绘制颜色。

⑥ 给主体物绘制高光区域。

⑧ 给穗子加入一些颜色变化。

⑨ 给整个饰品添加水痕。

⑦ 给绳结和流苏绘制底色，此类简单
的结构可以在这一步骤直接绘制好
明暗效果。

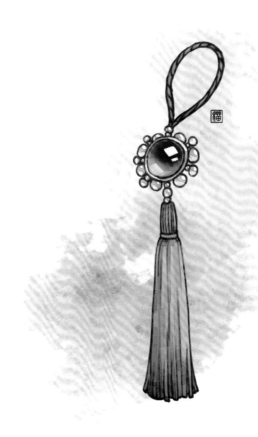

⑩ 对画面整体进行颜色微调，随意地
绘制一个小背景。加盖印章，完成
绘制。

演示过程

1 绘制人物草图，确定荷花位置。背景不是主体，可暂时不画。

2 将草图图层透明度降低，新建线稿图层进行细致勾线。

绘制底色

3 将线稿图层设置为颜色加深，这样可以使线稿自动随着上色的变化而变化。给皮肤部分上一个底色。

4 将脸部害羞发红的位置加深，加深眼周细节。

5 在脸颊和手指上增加一些高饱和的颜色。

6　绘制皮肤的阴影，注意颜色不要太重。

7　给头饰上底色。

8　选择一个浅色来绘制头发，为由浅入深做准备。

9　丰富头发的颜色，根据光的方向绘制一些冷暖变化，这里是右边来光。

⑩ 给荷花绘制一个浅粉色的底色。

⑪ 将其他荷花和荷叶的底色画完，同时加入一些橙色来丰富色彩。

—— 绘制头部 ——

⑬ 完成皮肤层的深色阴影并将眼珠的底色画好。

⑫ 给头发绘制第一层深入的细节，留出高光的位置。

⑭ 用深色强调眼线、睫毛和瞳孔。

15 绘制眼睛的高光。

16 进一步强调眼线，将上眼皮的深色加粗以显示厚度。

17 勾勒睫毛的细节。

18 给皮肤周围的头发增添一些肉色来呼应面部。

— 绘制荷花 —

19 细化上方荷花，在花瓣尖的位置绘制一些红色，注意不要太深。

20 确定好颜色的效果之后，直接用同样的方法绘制完手捧荷花。

21 给手部皮肤增添细节。

— 绘制头发 —

22 使用多种低饱和但色相不同的颜色来丰富高光周围的头发。

23 选择稍微深一些的冷色绘制脸部周围头发的阴影。

24 用同样的方法继续调整头发，向后慢慢延伸阴影。

25 细化靠近边缘的头发，这里头发的颜色比阴影的颜色浅一些会显得透气。

26 完成左边的所有头发并复制一层来加深整体颜色。

27 用同样的方法将右边的头发画完，但要注意右边是亮面所以颜色偏浅。填充一个灰色背景。

28 细化荷花头饰的主体，将流苏完成，选择暖橘红色绘制丝带，以此来增添丝带与流苏的关系。

29 给亮部的头发细化一下暗面。

—— 绘制荷花 ——

荷花花瓣要点

要点一：花瓣内侧颜色浅，外侧颜色深。
要点二：花瓣尖端颜色深，底部颜色浅。

30 从荷花上取一些橘粉色画在根茎上。

31 将根茎的阴影画出以营造体积厚度，但颜色不要太重。

32 用浅色点出根茎上的小刺。

33 用同样的方法画完尾端的根茎。

34 将前景荷花的底色画好，同时，用浅色描绘服饰的亮面。

35 选取荷花上的粉色，用这个颜色把服装底色完成。

36 给服装暗面添加冷色，与头发相呼应。同时把袖子的阴影和腰带画出。

37 进一步细化因腰带束起产生的上衣褶皱。

38 把下半部的褶皱也画出来，注意协调褶皱和荷花根茎的关系。

39 浅浅地给衣袖画一道边缘装饰，以此来表示裁剪衣服边缘时的锁边处理。同时给近景的荷花亮面增加白色的脉络。

40 新建图层，用无压感的笔刷绘制高光留白。

41 调整脸部高光，这里的高光使用浅黄色就可以了，不要太白。

42 给荷花靠近花心的位置增加一些白色。

背景效果要点

效果1：气泡　　　　　效果2：渐变颜色　　　　　效果3：光晕

为迎合水中仙子主题，可将笔刷透明度降低，画一些气泡装饰。

给背景做渐变效果，烘托人物。

给人物周围增加一圈暖光来突出仙气。

43 将上色的图层全部合层，制作水痕。

44 将水泡做一些擦除调整，避免抢主体的关注度。将袖口细化，添加一些明显的阴影。

45 把皮肤处线稿改为橘红色增加皮肤
的真实感。

46 给流苏加入一些微弱的亮面。

47 将头发上的荷叶装饰的白色叶脉画
出来。

48 撒一些喷溅的白点增加效果。

49 给近景也增加一些白色叶脉，注意
不要太死板。

50 对整体进行颜色微调。加盖印章，
完成绘制。

第四章

秋亭日暮

秋天是含蓄蕴藉的，在经历了春的繁盛、夏的热情之后，不再追逐浮华与赞誉。在学习绘画的过程中，一定会经历瓶颈期，秋天的到来让人能够沉淀下来。本章带大家感受秋天的气息，希望能让大家收起浮躁的心情，平静地努力，取得沉甸甸的收获。

角色定位

为了描绘出满枝翠羽的景象，我们会配大面积的决明子花，有配花的时候画手多数情况下会选择女子作为画面人物，诗人的怀才不遇正如古代女子虽然貌美却没有展示自己的机会一样，都是优点被埋没在环境之下。因此我选择了给女子配以稍加老气的服装。

著叶满枝翠羽盖

诗句『著叶满枝翠羽盖』描绘了秋天决明子开放的景象。事实上，这首诗是非常悲伤的，它描写了作者怀才不遇的心情，自己就像决明子一样，开放的时候虽然艳丽美好，可是遇上秋雨很快就七零八落了。

配色方案

诗句当中提到的"翠羽"是在描写叶子，决明子开花的时候有着翠绿的叶子及娇嫩的黄花。我们在这个案例使用决明子的原色，再加一些深色系的橙红来表达秋天的寂寥。

主色	辅色	点缀

绘画步骤

1 先给出一个生长方向，按照这个方向随意打一个草稿。
降低草稿不透明度，新建图层进行勾线。

2 确定好线稿之后，进行底色绘制。

3 改变线稿颜色，让线稿能融入画面。

4 选择一个可以双色渐变的笔刷，对图像整体进行颜色的
渐变。

5 给嫩叶的部分加一些黄绿色。

6 使用黄色提亮画面。

7 将花朵部分逐渐改为黄色。

8 制作水痕。

9 将水痕图层改为颜色加深，完成绘制。

───── 绘制线稿 ─────

1 绘制人物草图,草图基本符合想要的形态即可,确定背景中决明子的位置,注意决定好决明子生长的方向。

2 降低草稿不透明度进行勾线,将人物皮肤相关的部分勾勒出来。这里皮肤露出的部分不多,所以比较适合优先画出来。

3 将衣服的轮廓勾出。

4 将头发勾线,注意前后的交错遮挡。

5 把头上的头饰单独画出来,以免头发的形状不好掌握。

⑥ 因为右下侧的花比较多，所以先把右侧的花勾出来。

⑦ 用同样的方法把背景所有的花画完，我们的线稿就完成了。

绘制底色

⑧ 把人物部分的底色填好，注意要用无压感的笔刷。

⑨ 用三种不同的颜色来绘制花的底色，三种颜色分别对应左边的花、右边的花和头发后面的花。这是为了之后好区分选区。

⑪ 给脸蛋、鼻子等重点的位置添加一些饱和度稍高的肤色。

⑩ 选区都做好了之后，回到皮肤的选区开始上肤色。

⑫ 改变皮肤线稿的颜色，选择偏红的颜色使线稿融入皮肤。

⑬ 给靠近头发的皮肤画一些稍微深一点点的肤色，但不要太深，因为刘海贴在额头上不会产生很大的阴影。

⑭ 使用粉红色增强重点位置的颜色，顺便将嘴唇画出来。

15 将脖子的阴影画出来。

16 使用涂抹工具柔和皮肤上的颜色。

17 将眉毛、眼皮、眼珠的颜色画上去。这里可以按照自己的喜好发挥。

18 给眼珠下方加一些黄绿色反光，并把高光画出来。

19 给嘴唇加入一些粉色。

20 调整鼻子和嘴唇的细节。

21 提取头发的选区，给头发大面积地铺上底色。

22 给靠近脸部的头发加一些浅浅的肉色，这样头发看起来比较透气。

23 因为之前是使用材质笔刷给头发画的底色，所以整体会有一些虚。现在复制一层头发，将头发的厚重感体现出来。

24 根据头发的线稿绘制阴影，主要是针对一些转折点来增强头发交叠的节奏。

25 用涂抹工具让一些边缘部分的阴影向外自然扩散。

26 增添头发的肉色，避免头发看起来太沉重，下方用笔刷向外扩散，做出头发自然飘散的效果。

图形修正

用浅一点的颜色勾勒一些发丝，适当地修正头发形状。头发的修正对其他区域会产生影响，这里最明显的是头饰有偏移，找到头饰线稿图层，使用移动工具进行位置调整。

27 给手上的珠串、穗子涂色，这里非常细微，可以一次成型。头饰的叶片和花朵的叶脉是画好大面积颜色后，用线条笔刷的橡皮擦进行擦除完成的。

28 给画好的头饰部分制作水痕。

29 用同样的方法描绘远处的头饰，但是靠近前半部分头饰的位置要留一些空间，这是为了能够让两部分头饰区分开来。

30 给这部分头饰也制作水痕。

31 接下米锁定图层，给一些连接的部分画上金色，并将红色的珠子画出。

32 使用叠加模式瞬间提亮整个头饰，让头饰全部变为金色，但此法仍能够保持之前所做的叶脉。

33 提取服装的选区，随意添加一个底色。

34 用大笔刷快速地把外套和里衣区分开来。

35 复制一层图层，使用色相饱和度功能将外套调整成亮的颜色，并把丝带的位置提前留出。

36 将上一图层改为颜色加深模式，使之前做好的深色和浅色叠加在一起，呈现丰富的融合感。

37 使用大一些的颗粒感笔刷丰富胸部的体积感。

38 给外套也增加颗粒感，丰富整体的材质感。

39 画出腰带，注意褶皱的位置要遵循之前的线稿。

40 提取所有花朵的选区，填充颜色。

41 使用材质笔刷有轻有重地在底色上绘制，让花出现一些渐变效果。

42 为背景层填上底色。

43 用浅色来提亮嫩一些的枝叶以及花瓣。

44 用带材质的橡皮擦对上一步的浅色部分进行半透明擦除，使其颜色能融入其他部分。

纹理笔刷的妙用

水感笔刷：水感笔刷画出的笔触是水渍纹理，在古风漫画中最适合制作仿旧纸张。

花纹笔刷：花纹笔刷最适合制作服装的暗纹，它既可以快速绘制花纹，又可以提升服装质感。

水感笔刷　　　　花纹笔刷

45 给丝带画上一些简单的纹样。

46 调整花纹的不透明度，让花纹能融入服装。

47 整体调整一下色彩，使画面不要太黄。

48 给花枝增加一些绿色。

49 整体添加一些细小的白点，以此营造一些星辰般的效果。

50 将画面整体压暗并画出背光的边缘。

51 单独创建图层，按光的分布对花朵进行微弱的提亮。

52 将图层改为滤色模式，这样可以瞬间给想要的位置营造出梦幻的光感。

53 盖上印章，提取出衣服选区的部分，使用颜色减淡功能来进行提亮。

54 提亮后画面会比较曝光，看起来不太协调，因此降低上一步图层的透明度使整体更和谐。完成绘制。

姿如凤舞云千霄

这句诗出自清代诗人李善济的《银杏歌》。这首诗并不是非常出名，但是却写得非常有气势。「姿如凤舞云千霄，气如龙蟠栖岩谷」写出了秋天的银杏在空中落下，肆意飞舞的景象，赋予了银杏一种优雅又富贵的气质。

角色定位

凤，是雄性，因此画面选择了男性。凤舞给人一种灵动感，因此我选择了长发且有英气的年轻男子。为了让画面更加有趣，我增加了一只猫在上面。

配色方案

此诗句描绘银杏的姿态，因此我将主色定为橙色。

主色　　　　　　　　　　　　　　辅色　　　点缀

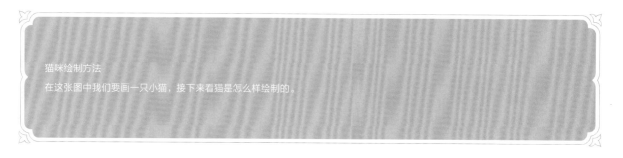

猫咪绘制方法
在这张图中我们要画一只小猫，接下来看猫是怎么样绘制的。

————— 绘画步骤 —————

1 画出大致的草稿。

2 降低草稿的不透明度，进行勾线。

3 确定好猫的线稿之后，补充一个坐垫。

4 给线稿改变颜色，让线稿能融入画面，同时刷上一些淡淡的颜色。

5 给画面加入深色，耳朵内部画点粉色进去。

6 用深灰色画出眼线和眼球底色，黑色画出圆形瞳孔，白色细化眼睛点出高光。

7 将颜色过渡开，根据光的方向制作留白。

8 在光源留白附近添加一些颜色细节，并用灰色压深肚皮。

9 在坐垫底色的基础上加深颜色，画出坐垫的光影及花纹。

10 将坐垫的深色阴影描绘出来，画出猫咪的投影。

11 增加一些趣味的小植物。制作水痕。加盖印章，完成绘制。

演示过程

1 绘制人物草图，草图画出想要的形态即可，注意确定小猫的动态。

2 画出飘舞的银杏叶的草稿。

3 新建图层勾画线稿，将线稿完成。

绘制皮肤

4 选取浅浅的肉色给脸部上一层底色。

5 选取肉粉色给脸颊、额头、鼻头加深一些。

6 给脸上重要的部分加一些高饱和度的肉粉色。

7. 用浅浅的黄褐色画上眼球底色,白色点出高光。

8. 用黑色加深眉毛和眼线,眉头颜色深,眉尾颜色浅。

绘制头发

9. 给头发上一层浅亚麻底色。

10. 给靠近脸部的头发上一些肉色,使头发看起来透气。

11. 细化头发,加一些简单的大面积的深色,注意不要太深。

12. 给亮面的头发加入一些亮色。

13. 给头发的暗面加入一些紫色使色彩丰富。

14. 用温和的笔刷将紫色绘制得更柔和、自然。

15 用绘制头发的方法把服装上毛绒的部分填上颜色。加入一些黑色让这个部分颜色加深。

16 给小猫填上浅浅的橘黄色，再随意地在猫的身上画一些高饱和花纹。

简单绘制银杏的方法

1. 选一个与猫咪底色相呼应的颜色画银杏的底色。
2. 用土黄色过渡银杏的暗部。
3. 用亮一些的暖黄色过渡亮部。

17 画出羽毛的底色，这里可以直接将想要的过渡颜色作出来。

18 将橘色加入进去协调整体颜色。

19 把肩部的颜色加深。

20 再次加深肩部，但是留出一些交错的纹理。

21 从羽毛的根部缓慢地向外部绘制出深浅的过渡。

22 给服装和披风填上底色。

23 给发带和腰带填上底色。为了与其他部分产生对比选择深一点的颜色。

画面效果的制作

1. 光效
先制作一个灰度背景。由于秋日的阳光稍微弱一些，且画面中是侧面光，所以高光集中在一侧，且面积小。

2. 颜色
秋日的颜色是暖黄色，因此给背景做一个暖黄色的渐变，使画面有秋季效果。

光效

颜色

24 使用深色从刘海开始细化明暗，然后再将脸部周围头发的明暗细化。这里我因个人习惯翻转了图层，大家可以根据自己的习惯决定是否翻转。

25 将图层翻转回来继续细化飘散的头发的明暗。

26 把亮面的线稿改成浅色，以此营造光感。

27 给发带加入一些红色。

28 在发带的边缘加一些橙色使之看起来透气。

刻画服装

29 调整肩颈周围的衣服，压深暗部，并画出高光。

30 把服装的装饰边缘绘制出来。

31 给里面的露出一点点的服装填上颜色。

32 给肩膀上每层羽毛加上阴影，阴影颜色选择偏暖的紫灰，且阴影越靠上颜色越深。用偏黄的灰色采用大色块的方式给肩膀上的金属片上色，使之具有金属光泽。

33 为服装加入少许阴影，同时调整上一步中阴影的颜色。

34 用之前画头发的方法丰富服装的颜色。

35 给服装交界线的位置加入一些高饱和颜色。

36 用涂抹工具缓缓地过渡各个颜色之间的部分。

37 用同样的方法绘制袖子部分的颜色。

38 进一步细化袖子。绘制腰带的阴影。

39 给腰带区分明暗。给肩膀上的吊饰涂上底色。

在斗篷图层上新建正片叠底图层，由上至下叠加一个暖黄色的渐变，使斗篷融入画面。

给斗篷前面的银杏叶添加亮面细节，使其与斗篷有前后空间效果。

在人物暗面加一层冷色调，如头发、羽毛、衣服的暗面，使画面颜色冷暖得当。

服装暗部的冷色太深，使其看起来有些冷硬，需将冷色调浅。头发、羽毛的暗部冷色太浅，压不住画面，需要加深颜色。

40 合并所有图层，并制作水痕。注意在合并图层之前可备份原始画稿，方便后期修改。

41 因猫咪的水痕太过，所以擦除这部分的水痕。

42 铺洒一些细小的白点丰富画面。

43 给背景加入一些冷色来使画面平衡。加盖印章，完成绘制。

第五章

冰骨清寒

三九严寒，大地冰封，这就是冬天。它有别样的美丽，一层层厚雪就像羊毛毡铺开一样柔软亲和，也有寒风彻骨，冷彻心扉的伤感时刻。在冬日假期里大家可以静静地绘画，修身养性，感悟自然。本章给大家带来两个冬日的案例，伴随着古人优美的诗句，一起动笔来描绘你心中不一样的冬日吧。

元素讲解

角色定位

温柔更适合描绘年轻女子，与温柔相比，明秀更有灵气，因此我选择了画中人物为与精灵在雪中交流的少女。

配色方案

冬天和雪这两个关键词决定了我们的颜色会围绕着白、蓝、紫这些冷色。

主色　　　　　　　　　　　　　　　　　　辅色　　点缀

雪里温柔，水边明秀

『雪里温柔，水边明秀』出自宋朝辛弃疾的《念奴娇·梅》。这首词描写梅花，但是很多时候绘画的画面内容并不是要完全同给你灵感的诗句一致。一定要学会从灵感来源中找到自己真正想要的东西。

雪绘制方法

在这张图中我们要画水边的雪，所以这个雪应当是盖在泥土和石头上的，接下来我们将示范绘制石头上的雪。

— 绘画步骤 —

1 先随意画出线稿。因为雪块的造型非常简单，草稿可以画得比较随意，所以可以省略掉勾线的环节。

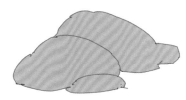

2 在线稿下方新建图层，涂出底色。

3 选一些浅色铺在上方。

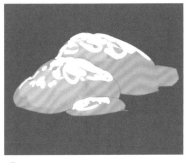

4 用非常实的笔刷在雪比较厚的位置随意画一些纯白色。将背景色变深，方便后期细化。

5 使用涂抹笔刷让颜色互相融合，注意要一块一块的，不要太光滑。

6 增加一些灰紫色的阴影。

7 雪的边缘一定是比较碎的，这是由雪的自然形态决定的。选择纯白色的片状的笔刷在上方来回反复地画出随机碎裂的雪片。

8 再用碎的喷溅点画出散乱飘起的小雪絮。

9 将背景重新调整为浅色，注意不要纯白，否则就无法和纯白色的雪区分了。绘制完成。

演示过程

—— 绘制线稿 ——

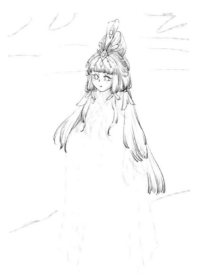

1 绘制人物草图，草图基本符合想要的形态即可，确定背景中近景和远景的距离。

2 降低草稿的不透明度，新建图层，将人物头部相关的部分勾勒出来。

3 将衣服的轮廓勾出。简单勾出近景的泥土区域，草稿完成。

4 为了让画面更有趣味性，图中增加了一个小精灵。注意小精灵要顺着人物的视线来画。

5 把人物和小精灵涂好底色，因为脚下算背景部分，所以稍后处理。

⑥ 把皮肤部分的线稿改为棕红色，便于其融入画面。

⑦ 选择一个肤色涂满脸部区域。

⑧ 选一个比肤色粉一些的红色，添加在脸蛋、鼻子等重点位置。

⑨ 用涂抹工具慢慢过渡肤色与粉色，使得颜色从深向浅扩散开来。

⑩ 在最上层做一层固定的纸纹，使之后的画面都有纸纹效果，以便对颜色进行调控。

⑪ 将线稿颜色整体调低，方便后期刻画。

⑫ 用深颜色勾画出眉毛和眼线，眉毛要注意区分眉头与眉尾的粗细。

⑬ 在靠近眼线的眼球上画上一个浅色的阴影。

⑭ 在阴影下方新建图层，画出眼珠颜色，注意眼珠下方的颜色要浅一些。

15 将眼珠细化，画出渐变和浅色的反
　　光，然后加上高光。

16 使用稍微深一点的颜色画出瞳孔。

绘制服装

17 白衣服很容易出现色彩单一的问
　　题，所以先做一个颜色打底，即随
　　意画出想要的多种颜色的组合。

18 选用涂抹工具将色彩融合。

19 吸取服装上的颜色，用此颜色刻画
　　服装的阴影部分。

20 复制一层打底层，用色彩饱和度功
　　能将之处理成单色，再将打底层叠
　　加在上面。

21 改变服装的线稿颜色。

22 给里衣画上颜色，因为外套选择了
　　浅色，所以里衣选择了一个深色，
　　以此使画面产生对比。

23 根据头发的线稿绘制底色，可以将底色直接分出亮暗面。

24 用涂抹工具将断裂的部分连接起来。

25 因为半透明的笔刷颜色较浅，所以直接复制一层，让颜色实一些。

26 因为头饰在头发之上，所以为了避免漏出下方头发的颜色，这里使用无压感笔刷涂出头饰的底色。

27 用重色画出头饰附近的阴影，将头饰和头发区分开。

28 在深入刻画之前，先把大面积的背景颜色铺好，这是为了避免后面背景与人物脱离。

29 用涂抹工具将湖面的颜色连接起来，近景可以随意一点。因为雪会有很多松散的絮状，所以远处可以朦胧一点。

30 继续调整背景的形状，修饰湖面和两岸的走向。将远处的树连成一片营造森林的感觉，注意湖面应有树的倒影。

绘制服装

31 回到人物的部分，给衣服画一个蓝色的边缘。

32 将系头发的配饰画成蓝色，与服装相呼应，然后修饰一下领口毛绒。

33 将之前调低不透明度的线稿调回原始状态，让各个部分的边缘清晰起来。

34 给下方飘散的头发画上阴影，以此增加空间感。

35 画面光源是左侧光，依据光源方向给头发画出高光。

36 同理给系头发的配饰画出高光。

需要调整的画面细节

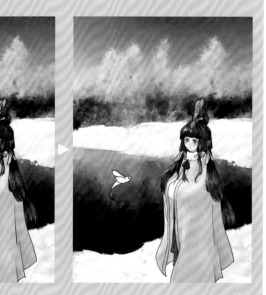

服装细节：冬天衣服比较厚，手臂转折比较圆润，故将多余的线稿擦除。

水痕细节：因软件不能智能地避开一些不需要水痕的区域，一般给整体画面制作水痕之后，需要将多余的水痕擦去。如上图，脸部和头发的水痕需要擦除。

37 画出金属头饰的转折和高光。

38 按照线稿的走势用色块把精灵的形
态画出来。

39 回到线稿图层,修正衣服的边缘线。

40 使用叠加模式给画面左边叠加一个
光感来源。

远景树木的细节

远景树木由于水痕特效变得碎裂,因此先用涂抹工具将其处理成大
块,注意色块需要区分深浅,近处的色块颜色深,远处的色块颜色浅,
借此来营造出近实远虚的视觉效果。

浅浅地勾勒一些若隐若现的枝干。树枝的绘制要注意两点:一是树枝
要细小,表现出远景景别;二是树枝要用白色绘制,表现出雪景。

41 给衣服加上一些雪花素材，调整素材的位置让其不浮于表面。

42 细化丝带，修饰丝带的外形以及明暗效果。

43 用白色把眼白画出来，通过眼白的颜色衬托眼球的晶莹剔透。调整披风上雪花花纹的不透明度，让雪花花纹能融入服装。

44 调整一下整体色彩，让画面的蓝色更加饱和，以此使画面更鲜艳，且更符合雪天应有的冷色调。

45 在精灵周围添加一些白色的小泡泡，提升精灵的梦幻色彩。

46 给画面整体添加一些细小的白点，营造一种星辰的效果。

47 在画面光源的方向作一些提亮，表现出雪景的反光。

48 将画面暗部压深一些，增加画面的明暗对比。

49 给金属头饰的暗面增加一些橙色。

50 盖上印章。

51 使用色彩平衡工具调色，让画面整体呈现蓝紫的颜色，同时增加雪的细节。

52 使用锐化工具，让画面中絮状的散点边缘清晰起来。

53 鉴于人物才是画面的重点，故根据光源方向给人物脸部增添高光，使人物突出。绘制完成。

元素讲解

角色定位

灯昏香断描绘的是一个人深夜孤寂的状态。这种情境下，如果画面人物选择女子太过悲凉，因此我选择了用男性来表达。

香断灯昏吟未稳

「香断灯昏吟未稳」出自黄升的《南乡子冬夜》，这首词描写的是冬天的深夜，天气寒冷，灯光昏暗的景象。诗中的景色让人感受到深深的寒意，也让人体会到作者惆怅压抑的心情。

配色方案

冬夜以黑色为主，烛光则会映出一些橙黄色，因此选择了这两个颜色进行画面的描绘。

主色	辅色	点缀

葫芦绘制方法

本图中我们要画的是一个气氛,因此用到的小道具不多。在配饰中,葫芦挂件非常具有代表性,所以接下来讲解如何绘制葫芦。

绘画步骤

1 先随意画出线稿。因为葫芦的外形非常简单,所以随意配一些绳子和装饰来丰富画面。

2 对草稿进行细致地勾线。

3 选一些较浅的土黄色给葫芦的主体上色。

4 加入一些橘红色给葫芦添加暗面,塑造出葫芦的立体感,注意不要太过写实。

5 使用喜庆的红色来画中国结和绳子。

6 为葫芦增加白色的亮面,使葫芦有光影明暗对比。

⑦ 选择淡淡的蓝色来绘制葫芦吊坠的装饰物。

⑧ 给红绳和中国结加入阴影转折，使其具有质感。

⑨ 由上至下合并图层，再制作水痕。

⑩ 对画面进行微调。加盖印章，绘制完成。

《 演示过程 》

① 绘制人物草图，人物是侧立的姿势，手持烛台，草图画出基本动态即可。因为画面设定在屋子里，所以暂时绘制了窗子。

② 降低草稿不透明度进行勾线，将人物头部相关的部分勾勒出来。同时调整人物的位置，这里因为加入了燃起的烟所以下移了人物。

③ 将人物的线稿细致地勾出。

④ 为了让画面更有趣味性，增加了一些花卉装饰。

⑤ 把人物部分的线稿颜色调整为浅色，以便后期上色。

⑥ 选择一个浅一些的肤色涂满脸部区域。

⑦ 给脸颊、鼻子等重点位置添加一些饱和度稍高的肤色。

⑧ 用同样的方法把手部画出来。

⑨ 调整人物肤色，用粉色系的肤色逐层加重人物的脸颊、鼻头部分。

⑩ 用深棕色画出眉毛，注意从眉头至眉尾颜色逐渐变浅。

⑪ 用稍微深一些的棕红色描绘眼线和发际线。

⑫ 用粉蓝色画出眼珠，注意眼珠的颜色四周浅中间深。

⑬ 给脖子画上淡紫色的阴影。

14 用极浅的紫色描绘头发,因为头发隐藏在花后面,所以在此先隐藏花的图层。

15 用深一些的紫灰色给头发逐步增加阴影。

16 随机地给头发的缝隙增加一些肤色来透气。

17 再用同样的方法增加一些温暖的黄色,以便之后营造烛光。

18 给嘴唇、鼻头增加一些微弱的高光。

19 用黑白转折的方法把发饰画出来。

====== 绘制服装 ======

20 吸取淡蓝色,用平涂的方式给里衣上色。

21 取淡紫色给外衣均匀上色,注意要留出服装边缘装饰的部分。

22 用淡墨绿色给外套边缘上色,同时把外套的颜色变暗。

23 画出腰带和葫芦的底色，用涂抹工具把外套上的一些不均匀的色块抹开。

24 为了配合整体的颜色，给整个衣服增加一个浅黄色的渐变效果。

黑夜氛围营造

夜晚的颜色是暗色，它表现一种压抑的宁静。将花的图层打开，用大渲染笔刷给背景画上深色的渐变纹理，营造出夜晚的气氛。

为了突出夜晚中的人物，将衣服颜色图层多复制几层达到加深服装颜色的效果。（这是因为绘制的时候笔刷是半透明的，所以复制后重叠在一起颜色会变深）。

刻画头部

25 头饰在头发上面，为了避免漏出下方头发的颜色，故使用无压感笔刷涂出头饰的亮面。

26 给头发整体加入混色效果，这里选择的是黄色和紫色。

27 逐渐加深背景的渐变，从左上角向烛光处变浅，增加深夜的感觉。

28 用透明度高一些的白色绘制烟雾。

29 画上黄色的烛光，注意烛光里面黄外面橙，同时给烟雾也增添一些受光晕影响的效果。

30 使用色相饱和度功能把装饰的花调整为金黄色。

31 按照之前的教程把葫芦完成。

32 将服装图层改为颜色加深模式，进一步加深衣服。

画面烛光的营造

按照烛光的方向给画面光源添加一层淡黄色的光晕，颜色叠加时要注意深浅的渐变。

画面左侧是烛光影响不到的区域，故画面向左上角渐变暗沉。

远离烛火的上下两端亮度下降，所以这个区域的颜色稍微要微弱一些。

烛火在画面右侧，所以烛光的影响范围是画面右侧，右侧画面添加明亮的黄色。

㉝ 为男子腰间的葫芦画上珠子，注意珠子的颜色要亮。

㉞ 为外袍边缘绘制有秩序感的条状花纹。

㉟ 为里衣随意增添一些花纹变化，这里我选择的是三叶草。

㊱ 复制一层背景压暗画面，然后增加一些白色的光点。

㊲ 将线稿提亮，这是由于画面整体颜色很暗，提亮线稿可以使画面人物更有仙气。

38 提亮整体线稿后，给亮面的线稿加上一些高饱和度的颜色，同时画上烛台的底色。

39 使用亮色来增添烛台的质感。

40 给烛台增加一些橙色，以此来呼应整体。

--- 绘制画面细节 ---

41 给腰带画上花纹，注意每个部分的花纹应有区别。

42 调整三叶草的位置，让三叶草不要浮于服装表面。

43 用硬边缘橡皮擦修饰葫芦的外轮廓细节。

44 用半透明笔刷将脸部亮面的线稿擦成浅色，以此来表示光照。

45 因为夜晚是浑浊的，所以将画面整体的饱和度稍微调低一些。

46 增加一些纸纹在最上层，画面颜色便变得古朴起来了。

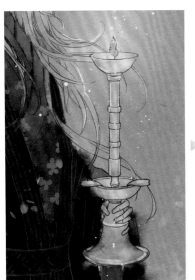

47 绘制火焰的细节，中间是蓝色，外层为黄到橙色渐变。在火焰周围画一些飘散的火星。

48 因为画面太暖会腻，所以给服装适度增加一些冷色。

49 因为花的姿态有一点点僵硬，所以增加一些浑浊飘散的花瓣消除僵硬感。

50 给葫芦提亮，注意不要高于人物的亮面。

51 修饰一些近距离的、实体形状明显的烟雾。

52 继续调整头发和烟雾的形状，主要是调整亮面。

53 复制一层白色泼洒星点，让星点更亮。绘制完成。

第六章

乾坤落定

相信大家对「能动性」这个词语并不陌生，它是我们的意识，能告诉我们应该做什么以及怎样去做。每一个学科，每一种艺术，都需要能动性。大家一定要学会思考，这样才能一直进步。本章是书中最后一章，给大家归纳总结了如何解决一些思路上的问题，希望能够帮助到大家。

本书中着重讲解了CG绘画中的上色技法，若读者需要学习详细的线条技巧，可参考我编著的《古风美人绘 水彩水墨古风人物入门》一书。为了避免重复，在这里主要介绍一些基础的线条练习方式。

直线练习

首先是最基础的直线练习，直线是经常会出现的线条，在这里练习的主要目的是将其尽量画直。直线练习最好从短直线开始，然后逐渐加长，训练画线条的稳定性，即解决常说的"手抖"问题。

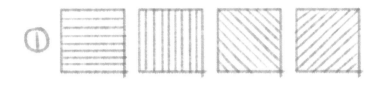

短线练习

熟悉了不同方向的短线条绘制以后，可以通过组合不同方向的短直线画出各种不同的图形，这同时也是对一些基础花纹的绘画训练。

曲线练习

直线熟悉之后就可以做曲线的练习了，曲线练习方法与直线练习并无不同，把直线换成曲线即可。曲线练习应将所有曲线尽可能绘制平行，以此训练自己对所绘曲线曲度的掌握。

圆形练习

曲线练好后就可以练习半圆、圆形或两者的组合图形。

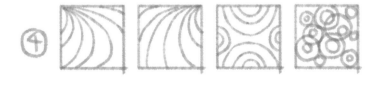

组合练习

以上练习全都完成以后，可以将这些线条组合在一起，尝试画出简单的画面。

特写练习

熟悉整体画面以后，就可以练习一些局部特写，如细节、道具等。

如琢如磨

《 学习如何解决问题 》

当我们的绘画过程遇到问题时，多数人第一时间想到的便是询问他人，在不能提问的情况下，则会优先尝试找寻教程书或是网络上的图文教程、视频教程。在这个思维惯性下，当我们见到一张非常值得学习的作品时，通常并不会自己去思考，而是拿着这张图去问其他人："这张图怎么画呢？"

我们来看看不同思维方式的人是怎么解决问题的吧。

初步解决问题

生活中有很多这样的问题。例如"××软件中的××功能如何使用"这个问题，很多人会选择直接购买一本××软件全解来查阅解决，当然，如果书中带有视频，它会更受欢迎，还有一些人是这样解决这个问题的：直接百度"××软件中的××功能"。通常这时候搜索引擎中出现的图文详解已经满足了解决问题的基本需要。

进阶解决问题

问题永无止境，搜索引擎的回答也许并不详尽，这时我们就会选择求助他人，但求助的方法有很大的不同。

求助1："我看不懂，你直接帮我做一下吧。"

求助2："我都看懂了但是我还是不会，因为我以前没做过，你帮我做一下吧"

我们来分析一下一旦你选择了这两种求助方式，接下来会发生什么。

情况1：你求助的人按你说的帮你做了，那么下一次你还是不会，因为你还是没有做过。

情况2：你求助的人没有帮你做，那么你可能会继续找其他人帮忙，直到有人帮你做这件事。

而真正想要解决问题的人，会把知识掌握在自己的手中。当遇到不会的、没接触过的问题的时候，他们会先进行尝试。如果尝试失败了去求助，这类人通常会选择对自己求助的人说："我做过××等尝试，但失败了，我想知道我与你的操作有哪些不同。"

所以，要学会东西，最关键的一点是"尝试"。

《 学习如何思考 》

思考是一个很难用常理来约束的东西。成长经历、性格、环境的不同造就了每个人差异很大的思维模式，这也正是人们需要学会思考的重要原因。因为自己最了解自己的思维模式，所以只有学会自己思考，才可能达到最高的效率。

培养分析能力

分析是思考的一部分，分析能力是一种非常重要的能力，我们的大脑每时每刻都在分析。

举个例子，比如，当我们面临"双十一"要不要购物的问题时，很多人的直观感受是：要或者不要。事实上在我们决定要或者不要之前，已经对自身情况进行了详细分析。

右图展示了我们脑内活动的可能性。

在绘画中我们也需要分析，接下来我们展示一下绘画中的分析过程。

例如"如何画一个女孩子的头发"这个问题，脑内可能出现的分析活动是：

如何画一个女孩子的头发——女孩的性格很温柔，所以她是长发——女孩是学生，所以发型是马尾辫——马尾辫是束起来的发型，所以需要束发装饰——一个梳起马尾辫的温柔年轻的女学生。

这就是分析的力量。接下来我们延伸更进一步的思考。

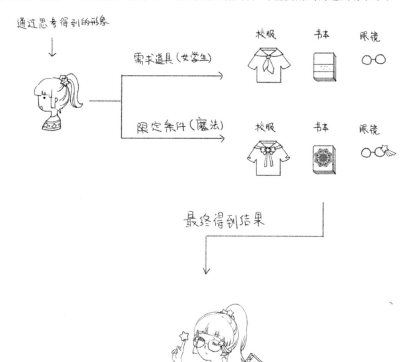

延展思考能力

在绘画中，分析能力帮我们找到现实形象中的样板，我们以此为基础添加自我的情感。除此之外，我们还要学会使用幻想能力。幻想让我们的作品与众不同，注意幻想不能太过偏离正常的世界，否则会让人无法理解。

以上一小节的马尾女孩为例进行一个思考转化，根据"马尾女孩、女学生"这些关键词分析，可能要用到的道具有书本、校服、眼镜等。接下来加入幻想，如果这个女孩是拥有隐藏身份的魔法少女，那么书本就会变成魔法书，校服可以加上巫术的花纹，眼镜可能是强大的武器。

进一步强调幻想所给出的这些特质：马尾辫应该卷曲起来，这样会变得更有活力；束发的装饰以及眼睛带有魔法的力量，可以增添丰富的不对称的造型；给书本和校服添加一些巫术花纹，巫术花纹的来源可能是一些玄妙的符号，将现实中的一些符号打乱重新排序，即可组成新的符号花纹了。

经过这一系列的分析思考，我们已经得到了一个比较具象的形象了。

有了基础线条训练的成果，又学习了详细的上色方法，再结合刚刚所说的漫画创作的思考方式，相信看到这里的读者已经能够构想并画出属于自己的作品了。谢谢大家的阅读，希望本书能够给大家带来切实的帮助。